水産学シリーズ

105

日本水産学会監修

漁業の混獲問題

松田　皎編

1995・10

恒星社厚生閣

まえがき

混獲という言葉は一般には聞き慣れない言葉かも知れない．漁業でいうところの混獲とは，目的とする魚介類以外の生物を同時に捕獲することを指す．漁具はもともと大なり小なり漁獲の選択性を有しているが，目的とする魚だけを捕獲できるほど精巧にはできていない．そのため，保護すべき稚仔や捕獲が禁止されている動物などを，目的の魚と一緒に捕獲してしまうことになる．これがある時には単なる水産資源の保護のみならず，環境保護などの国際問題にまで発展することもある．例えば公海上での大規模流し網漁業が，海産哺乳動物や海鳥を混獲して，これが地球環境や野生生物にやさしくないという理由で1992年から禁止された．これを受けた形で，北洋のサケ・マス流し網漁や北太平洋のアカイカ流し網漁が1993年から全面禁漁に追い込まれた．こうした漁業の全面停止を求める過激な主張とは別に，自然環境と調和した漁業のあり方が必要であるとの認識が広まり，1992年にはブラジルで開催された国連環境開発会議（UNCED）では，21世紀に向けての行動計画としてアジェンダ21が採択され，野生生物資源の利用について持続的利用を前提とし，混獲および漁獲生物の無駄・投棄を最小限化すること，流通・加工技術改善により，人類への食料供給を促進することなどが決議された．また同年メキシコのカンクン宣言に基づき，FAOは「責任ある漁業」に関する国際行動の規範作りを始めた．わが国は責任ある漁業国として，健全な漁業を存続させるには，環境に配慮しつつ海洋生物資源の保存，管理に必要な措置を積極的に行っていくことが求められる．

このような背景のもとに，わが国の漁業における混獲の実態を明らかにするとともに，これを幾分でも減らす工夫がどのようになされているのか，その対策について情報を提供することは時宜にかなったことと考え，「わが国の漁業における混獲の実態とその対策――環境にやさしい漁業をめざして――」と題するシンポジウムを平成7年4月5日，日本水産学会主催により東京水産大学において下記のとおり開催した．

わが国の漁業における混獲の実態とその対策――環境にやさしい漁業をめざして――
企画責任者　梨本勝昭（北大水）・松田　皎（東水大）・藤石昭生（水大校）

開会の挨拶	松田　皎
Ⅰ．底曳網漁業の混獲問題	座長　松田　皎
1．トロール漁業	井上喜洋（水工研）
2．小型底曳網漁業	藤石昭生
3．エビトロール漁業	松岡達郎（鹿大水）
質　疑	
Ⅱ．刺網漁業の混獲問題	座長　梨本勝昭
1．公海流し網漁業	谷津明彦（遠水研）
2．沿岸刺網漁業	鳥澤　雅（網走水試）
質　疑	
Ⅲ．旋網漁業の混獲問題	座長　町井紀之（水大校）
1．海外旋網漁業	竹内正一（東水大）
2．沿岸旋網漁業	原　一郎（西水研）
質　疑	
Ⅳ．釣り漁業の混獲問題	座長　川村軍蔵（鹿大水）
1．マグロ延縄漁業	勝山潔志（水産庁研究部）
2．底延縄漁業	有元貴文（東水大）
質　疑	
Ⅴ．定置漁業の混獲問題	座長　余座和征（日大農獣）
1．サケ定置網漁業	三浦汀介（北大水）
2．アジ・サバ・イワシ定置網漁業	石戸谷博範（神奈川水試） 石崎博美（神奈川水試）
質　疑	
Ⅵ．総合討論	座長　梨本勝昭・松田　皎・藤石昭生
閉会の挨拶	藤石昭生

本書は基本的にはその講演の内容にそって取りまとめたものであるが，残念なことに，マグロ延縄の混獲問題について発表していただいた勝山潔志氏は外国出張のため原稿が間に合わなかった．マグロ延縄漁業は，わが国にとっても非常に重要な漁業であるため，第2の公海流し網漁業としないためにも，しっかりした対策が求められており，本シンポジウムにおいても，現在実施されているいくつかの混獲防止対策例を紹介していただいた．これについては，改めて別の形で公表していただければと考えている．

このシンポジウムとは別に，当初本シンポジウムの企画に関係し，現在，文部省在外研究員として英国のスコットランド海洋研究所に滞在している東京水産大学の東海　正氏より，国際海洋開発協議会（ICES）の漁獲技術・魚群行動合同専門家会議の現状を中心に，混獲および選択性についての欧米の研究体制を紹介するとともに，今後の日本での混獲問題の研究のあり方について寄稿していただいた．

本書がわが国漁業の混獲問題の研究の進展に寄与し，その解決の一助になれば幸である．終わりに，本シンポジウムを企画，立案された梨本勝昭教授，並びに藤石昭生教授に心から感謝の意を表す．

平成7年6月

松　田　　　皎

漁業の混獲問題　目次

By-catch in Japanese Fisheries

Edited by KO MATUDA

1. 漁業における混獲とは

有 元 貴 文*

いろいろな漁業について混獲の実態やその対策を考えるとき，まず始めにその漁業で対象種がどこまで厳密に定義されているかを検討する必要がある．漁業一般についていえば，現在使われている漁具は，本来対象生物の生態に適合させる形で最適化に向けて技術発展を遂げてきたものであり，これは漁業者と対象生物の知恵比べの結果として生み出された技術とみなせる．このときに，ある魚種に限定した漁獲技術を目指したか，またはある漁場を想定して複数魚種を同時に狙ってきたかで混獲問題の実状はかなり異なる．特に技術改良という名の近代化のもとでは，網漁具であれば構造の複雑化や大型化，そして曳網や揚網の高速化といった展開が当然であった．釣り漁具の場合は単位漁獲努力の増大としての釣針数増加があり，延縄であれば枝縄数の増大や敷設距離の延長という方向に進んできた．このような技術展開の方向は限定された魚種への対応という繊細さよりも，全体としての漁獲増大を目的とするものであり，経済活動としての漁業はすでに混獲を前提とした操業形態に向かって邁進してきたといえよう．ここでは，釣り漁業を例にとって混獲とは何か，他の漁業種とどのような違いがあるのかを検討する中から，混獲回避の方法論確立に向けて議論を展開する．

§1. 漁業における混獲とは？

混獲の多い漁具，漁法というものがあるとすれば，それは生態系と食物連鎖の中でどのような階層を漁獲対象とするかによって決定される．その意味から詰めれば，混獲が多いとしてある漁具や漁法を責めるのは不適当であり，なぜそのような操業形態をとっているかの方が問題である．このことについて東海[1]は Thompson and Ben-Yami[2] の報告を引用して，混獲の多い漁具として表1·1のような分類を紹介している．これによれば，一般論として海底近く

* 東京水産大学

を対象に，それも沿岸近くで操業する場合に対象生物を絞り込むのが困難となり，「混獲が多い」という定義が与えられてしまうのかもしれない．このような観点から漁業種間の比較を行うには，Alverson ら[3]による混獲指数の考え方が単純でわかりやすい．これは対象魚に対する混獲量の比を求めたもので，カリブ海のエビトロールでは12倍，ベーリング海のカニ篭で 9.7 倍といった高い混獲割合が提示されている．釣り漁業についてはマグロ延縄の結果が紹介され，1.13～1.58倍と比較的低い数値になっている．

表 1·1　混獲の程度による漁具の分類

	混獲の少ない漁具 Mono-few Species Fishing	混獲の多い漁具 Multi-Species Fishing
釣り漁具	竿釣り	
	イカ釣り	
	曳き縄釣り	
	マグロ延縄	底延縄
網漁具	流し刺網	底刺網
		定置網
	叉手網	
	サンマ棒受け網	
	マグロ旋網	集魚灯利用旋網
	貝桁網	地曳網
	中層トロール	底曳網

表 1·2　混獲と投棄に関連した用語の定義

用語	定義
Target Catch	対象魚
Incidental Catch	非対象魚でありながら，漁獲物として残されたもの
Discarded Catch	漁獲物のうち，経済的，法的，私的な理由で海に戻されたもの
Bycatch	混獲物（Incidental Catch＋Discarded Catch）
Discarded Mortality	投棄死亡
Prohibitied Species	漁獲禁止魚種
Unobserved Fishing Mortality	漁具に遭遇しながら漁獲に至らない場合の死亡
Black Fish	報告されない漁獲物
Grey Fish	集計されない漁獲物

Alverson ら[3]の報告は地球規模での漁業の混獲と投棄の現状について総括的な内容となっているが，そのなかで表 1·2 のように関連用語を厳密に定義し，混乱を避けることを提案している．このなかで混獲魚（Bycatch）とは，非対象魚でありながら漁獲物として残されたもの（Incidental catch）と，放流あ

るいは投棄という形で海に戻されたもの（Discarded catch）をまとめた概念となっている．この定義を採用すれば，漁業で問題となるのは漁獲段階での選択性だけではなく，水揚げまでの船上選別や市場での選別による漁獲物の有効利用の程度，そして資源生物を無駄にしていないかという実態把握も検討課題となる．

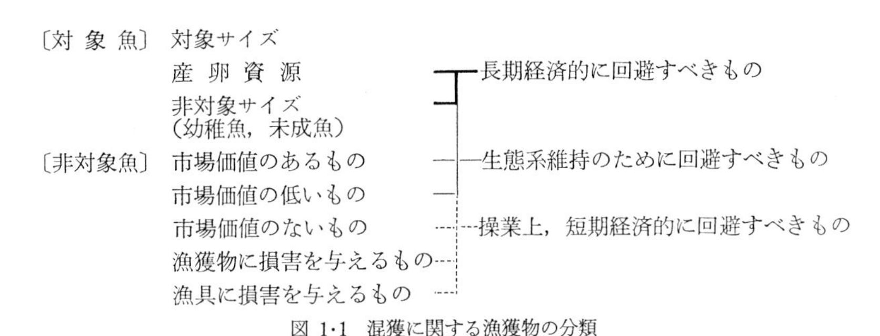

図 1·1 混獲に関する漁獲物の分類

この考えをさらに進めて図 1·1 に漁獲物の分類をまとめてみた．まず対象魚のなかでも幼稚仔魚や未成魚，さらに産卵親魚のように資源管理を考える上で長期経済的に回避すべき内容が含まれる．次に非対象魚のなかでも，市場価値のないものや漁具に損耗を与え，あるいは操業に支障をきたすために短期経済的に，あるいは操業上回避すべき生物があげられ，これが混獲投棄の主体と定義できる．一方，本来は対象魚でなかったものが市場価値があるために漁獲物として水揚げされる場合も多く，経営的なプラスアルファとなっている生物については，その漁場での生態的なバランスを考える上で回避すべき場合も考えなければならない．

§2. 漁獲多様性からみた混獲・投棄の実態

各漁業によって漁獲特性や漁獲物の様相が異なり，そのために混獲や投棄のレベルにも大きな差異が認められる．そこで漁獲組成の多様性を漁業種間で比較できるように，漁獲順位別累積曲線による検討を試みた．図 1·2 はその概念を示すもので，もし 2 ～ 3 種類の少ない対象生物種で漁獲が成り立っているならば，その順位別累積曲線は急角度で 100 ％ に達する．これに対して，多くの種を対象にしている場合は漸増傾向になるとともに，場合によっては非対象魚の混獲が多くなるために100％に達しない場合も考えられる．

統計資料として「漁業養殖業生産統計年報」を用いて，主な漁業の漁獲多様性をまとめて図1･3に示した．海外巻網と呼ばれるカツオを対象とした遠洋巻網は3魚種で95％までが漁獲されており，少種対象で成り立っていることがわかる．同じ巻網でも沿岸の小型あぐり網では累積曲線の角度は緩やかになる．また，トロール漁業として北転船の1982年の資料を示したが，6魚種で80％を占めている．また統計上「その他」に含まれる生物が合わせて20％となり，これもまた漁獲組成の多様性を示す根拠となろう．同じマグロ延縄漁業でも遠洋

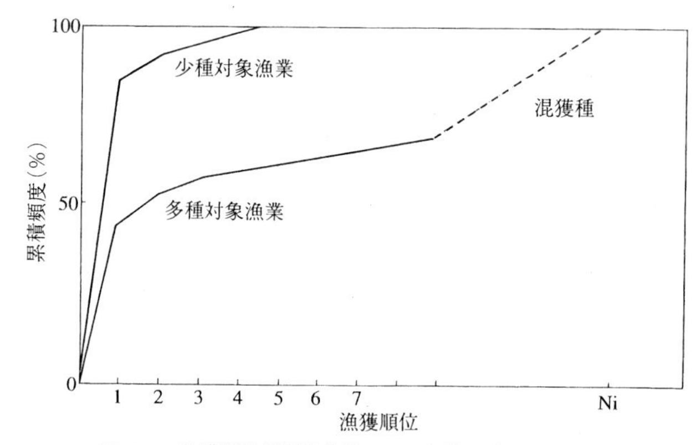

図 1･2　漁獲順位別累積曲線による漁獲多様性の考え方

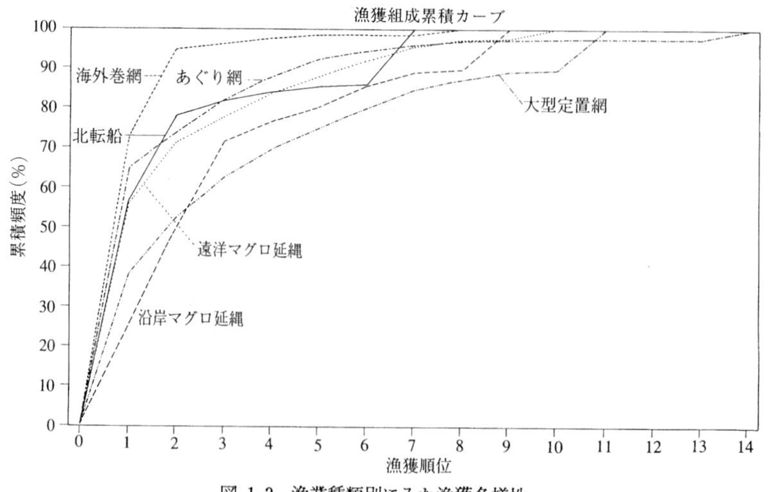

図 1･3　漁業種類別にみた漁獲多様性

に比べて沿岸での漁獲組成がより多様であること，また沿岸漁業のなかでも大型定置網がこの6漁業種のなかで最も多様な漁獲組成となっていることが理解される．

このような解析を進める上で，漁獲資料の信頼度や精度も重要なポイントとなる．公表された漁獲統計では，多種多様な漁獲物を「その他」として一括分類する場合が多く，さらに投棄魚はこのような資料には現れないのが普通である．そこで実態をもっと詳細に検討する目的で，幾つかの釣り漁業について乗船調査で得られた魚種別漁獲尾数に関する資料をもとに検討し，これらの混獲実態を漁獲多様性の観点からみることとした．

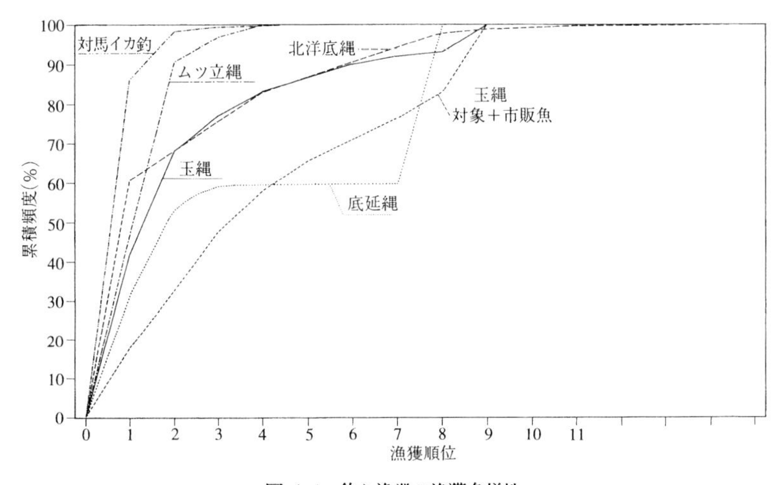

図 1·4 釣り漁業の漁獲多様性

図1·4で少種対応型漁業としてはイカ釣りとムツ立縄の2漁業種が特記され，いずれも海底から離して中層を対象にする漁法である．底延縄漁業の中でも北洋での底延縄は漁獲物組成が比較的単純で，漁獲順位別累積曲線の傾向け図1·3の遠洋マグロ延縄と同じ多様性レベルにあることがわかる．また相模湾で操業する玉縄について，全漁獲物でみると北洋底延縄と同レベルであるが，市場価値のない漁獲物を除いて「対象魚と市販魚」だけで累積すると曲線のパターンが大きく変化する．同じ相模湾での着定式の底延縄では対象魚の組成は6割に過ぎず，混獲魚の非常に多いことが理解される．

§3. 底延縄漁業における混獲回避の対策

底延縄漁業の操業では漁場選定といった探魚の過程，餌料による集魚の過程，そして釣り針による釣獲過程の3段階があり[4]，このそれぞれの段階で混獲防止を検討することができる．操業する立場からは漁場深度や海底形状を熟知することで対象魚の限定が行われており，これに加えて集魚方法や操業時刻といった漁法的要素での対象魚の選択がなされる．この場合，対象魚の生息条件や摂餌意欲といった生態や行動に関する知見が関与する．一方，釣獲の段階では漁具構造と対象魚の行動との関係が重要であり，釣り針の敷設水深や形状，大きさの条件に対するその種の摂餌行動の特性などが問題となる．しかし，いずれにしてもある漁場で同じ生態的な位置を占める魚種間では釣獲競合の生じることは当然であり，魚種・魚体選択を含めて混獲防止の方策を確立するのはかなり困難といわざるを得ない．その点からも，探魚，集魚，漁獲の3段階でそれぞれ対策をたて，その組み合わせから総合的に混獲回避を進めることが大事である．

このように底延縄漁具に対する対象魚の行動特性から漁獲選択性を考える方向としては，山口[5]が「釣りの漁獲選択性」として詳細に既往の研究成果を紹介している．またノルウェーで底延縄漁具についての研究が多く，Bjordal[6]やLøkkeborg ら[7]の報告があり，漁具構成や釣り針の大きさ，餌料の形状や大きさなどの条件により，魚種選択や魚体選択をする方法が述べられている．また相模湾の小型底延縄漁業について漁具構造や構成法だけでなく，操業時刻や浸漬時間といった操業方法によって選択的な漁獲技術を確立しようとする考え

表 1·3 混獲物の選別に関する対策分類

選別方式	具体的な方策		
船上選別	投棄（低生残性） 放流（高生残性）		
漁場選別	水深，海底地形，底質による魚種別生息域の選別		
漁具選別	網漁具	入網過程での選別 入網後の網目選択性	駆集，誘導，遮断法による選別 自発的な網目通過（高生残性） 強制的な網目通過（低生残性）
	釣漁具	釣具選択性 釣針選択性 釣餌選択性	漁具構造（釣糸視認性，離底構造） 大きさ，形状と採餌行動 餌料種類，大きさ，形状と採餌行動

もある[4]．これらの混獲防止に向けた魚種・魚体選別技術の内容をまとめて表1·3に示した．なお船上選別による投棄魚の割合については漁獲水揚げ資料には現れない場合が多く，針掛かりした後の脱出魚の割合と含めて，混獲問題を検討する上で資料の信頼度や精度が問われることはすでに述べたとおりである．

§4. 小型魚保護による延縄漁業資源の管理

釣獲後の問題としては人為的な選択方策である船上選別と放流が考えられ，特に小型魚の保護という観点から資源管理方策に採用される例が多い．これについては，放流魚の生残性を検討する必要があり，網漁具に比べれば有利であるのは確かにしても，釣獲による魚体損傷や水圧変化による影響などを考慮する必要があり，その中から投棄と放流の違いが定義できよう．このような方向で資源管理を進めている例として，千葉，東京，神奈川，静岡の1都3県で平成2年から実施しているキンメダイに関する広域資源管理推進事業の内容について，千葉県の報告書[8]をもとに紹介する．

キンメダイは立縄あるいは底立延縄で漁獲されており，関東地方での漁場としては勝浦沖，東京湾口，伊豆東岸の沿岸漁場と御前崎沖，三宅島近海，そして小笠原周辺の沖合漁場で操業されている．各漁場で漁獲物組成が異なり，沿岸漁場では若齢魚が主体となり，沖合漁場では大型の高齢魚が多い．

漁具構成や操業方法も漁場によって異なり，千葉県の勝浦沖漁場では浮標縄を長く伸ばして，多数の釣り針を備えた幹縄が海底に接するような方式をとる．東京湾口から伊豆諸島では海底から浮かせた通常の立縄方式である．これを浮標に付けて離す樽流しの方式もあるが禁止されている．また神奈川県，静岡県の漁業者によって南西諸島海域に向かう沖合漁場で地獄縄と呼ばれる底立延縄が操業されているが，これも沿岸漁場では禁止されている[9]．

千葉県のキンメダイ漁獲量の推移をみると，1970年代始めには100トンのレベルにあったものが，その後順調に漁獲量を伸ばし，1980年代後半では1,500トンに達し，沿岸小型船漁業の重要な操業対象となっている．しかし，この傾向が漁獲努力量増大によるものであれば，どこで維持可能生産量を超えるかが問題であり，底魚資源については資源回復に時間がかかることもあって事前の対策が提起されるに至った．それは混獲される小型魚を放流して，漁獲死亡による初期減耗を減少させ，市場価値の高い大型魚の資源量を増大させようとするものである．

このキンメダイ資源の管理方針を定めるために，当初3年間は県が中心となって具体的な目標や方策，体制などに関する検討を行い，そのための実態調査などをもとに資源管理推進指針の策定を行う．次の2年間では，各都県の漁業協同組合連合会が中心になって漁業者検討会をそれぞれ設置し，資源管理計画の策定を行うとともに，都県間の連絡調整にあたる．この段階で各水産試験場は補足調査や管理効果に関するモニタリング調査を実施する．6年目以降で資源管理推進事業が5ヶ年計画で動き始め，漁業者協議会がその実施にあたりつつ，対象魚種や漁法を拡大して新たな管理指針や管理計画の策定を進めていくことになる．このようにして，漁業者個々人が資源管理の重要性を認識し，そのための自主的な管理組織を作って検討方策を積極的に導入するよう時間をかけながら啓蒙普及していこうとする長期計画である．都県をまたがった入り会い漁場での広域資源を対象に，関連都県の漁業者全体を包含する事業となっている．もちろん，キンメダイの資源量把握や長期変動予測について未知の部分が多いのは確かであるが，その成長や回遊生態についても明らかになりつつある．これを踏まえて，釣獲された小型の1歳魚の放流を実施することとし，この結果として期待される資源量水準の向上に関するシミュレーション結果も示されている．各漁場，各県，各漁業協同組合での取り組み方をどのように調整するか，また他漁業種や遊漁の釣り船による漁獲との関連などが今後の課題とされている．

§5. 混獲・投棄魚問題の解決に向けた Alverson の提案

再び漁業全体に話を戻して，混獲投棄による漁業資源の無駄をどうするかという直面する問題点を究明するために，Alverson ら[3] は次のような問いかけが大事であるとしている．すなわち，なぜ特定の魚種だけが漁獲目的となったり，あるいは投棄されるのか．そして，なぜ同じ生物種の中ですら，大きさや雌雄の違いによって操業の際に差別待遇を受けるのかを始めに考える必要がある．さらに，実際にどれだけの量が，どのような割合で投棄されているのか，投棄された個体や資源は最終的にどのような運命に陥っているのかを明らかにすることが必要としている．この質問を突き詰めると，現状の混獲と投棄の実態が漁業と社会と生態系に及ぼす影響やコストについて考えることにつながり，誰がこのような問題を起こし，誰が利益を得ているのか，そしてこれを解決することで利益を得るのは誰かを考えていこうとしている．

以上の質問に対しては図1·1に示した混獲物の分類に戻って，なぜ投棄の対象となるのかを考えるべきであり，単純に市場価値の有無や価格の高低から判断するだけでなく，地球の生態系維持という大きな目標に向けて検討を進めるべきである．同時に，各海域や国による価値判断の違いや市場原理の中で漁獲量が少ないために投棄されるものなどについて，漁獲物の有効利用という形での投棄回避の方策もある筈で，沿岸の底延縄漁業の中では食べられる魚種はすべて漁獲対象であった事実を忘れてはならない．

この報告書[3]の最終章において現在考えられる解決策をまとめ，漁獲努力量の減少や禁漁，個別漁獲割合（ITQ）の設定，漁期・漁場の詳細設定や漁法の制限，そして投棄魚の有効利用を進めるように提案している．

§6. 生態系保全型漁獲技術の確立に向けて

最後に，漁具の選択性と混獲問題の考え方として，高緯度寒帯地方での少種多量型生態系での対応と，低緯度熱帯地方での多種少量型生態系での対応はまったく異なる局面をもっているはずであり，同時に遠洋・沖合での大型漁業と沿岸の小規模漁業でも漁獲特性は大きく異なることを強調しておきたい．日本沿岸での小型底延縄漁業についていえば，1人1人の漁業者が地先の漁場対応，対象魚対応の形で幾通りかの漁具を時期に合わせて採用しており，実際には多種対応型の操業で全体的な収入増と経営安定を目指しているといえよう．その中では，混獲についての定義ももちろん困難であり，環境調和型，生態系保全型生産技術（Conservation Harvesting Technology）の確立と，その普及のための啓蒙活動には地道な努力が必要と考える．その中で，環境と対象生物と漁業者のそれぞれが生き残ることを目的とした方策を立てることが重要で，漁業を生態系監視の機能をもった生産技術として改めて位置づけることを可能とするような新しい操業概念の導入が希望される．この方向での技術開発を進める道として，漁具に対する対象魚の行動を考え[10]，同時に漁獲過程で資源が受けるストレスについての解明[11]が鍵となろう．

文　献

1) 東海　正：地球にやさしい海の利用（隆島史夫・松田　皎編），恒星社厚生閣，1993，40-58.
2) D. B. Thompson and M. Ben-Yami: FAO Fish. Rep., FIPP/R289 Suppl. 2, Rome, 1984, pp. 105-118.
3) D. L. Alverson, M. H. Freeberg, J. G. Pope and S. A. Murawski: FAO Fisheries Technical Paper 339, Rome, 1994, 233 pp.
4) 有元貴文：漁具に対する魚群行動の研究方法（小池　篤編），恒星社厚生閣，1989, pp. 88-106.
5) 山口裕一郎：漁具の漁獲選択性（日本水産学会編），恒星社厚生閣，1979, pp. 82-96.
6) Å. Bjordal: Recent developmets in longline fishing-Catching performance and conservation aspects, Proceedings of World Symposium on Fishing Gear and Fishing Vessel Design, St. John's, 1988, pp. 19-24.
7) S. Løkkeborg, A. Bjordal and A. Fernö: The reliability and value of studies of fish behaviour in long-line gear research, ICES Marine Science Symposia 196, (Symposium Proceedings of Fish Behaviour in Relation to Fishing Operations), 1993, pp. 41-46.
8) 千葉県水産課：千葉県広域資源管理推進指針（キンメダイ，マダイ），太平洋中ブロック，千葉県，1993, 78 pp.
9) 一都三県水試底魚グループ：キンメダイその他底魚類の資源生態，日本水産資源保護協会，1975, pp. 49-53.
10) 有元貴文：釣りから学ぶ（池田弥生編），成山堂書店，1995, pp. 71-93.
11) F. S. Chopin and T. Arimoto: *Fisheries Research*, **21**, 315-327 (1995).

2. トロール網漁業

井 上 喜 洋*

一般的に混獲魚は漁獲目的の魚類以外に一緒に採れた魚類として定義され[1]，これら目的魚以外に漁獲された生物は投棄され，死亡する，と解されている．実際のトロール漁業では，ヒトデ，クラゲおよびビクニン類などは投棄しても，食用となる魚類は全て販売，利用するのが普通である．また目的魚を掲げて操業されることもあるが，目的魚以外の漁獲魚類も販売可能である限り利用される．したがって投棄は非食用魚や非食用生物が主体となり，外国に見られるような目的魚以外は有用魚類の全てが投棄される現象は基本的に存在しない．混獲の解釈，捉え方は色々あるが，多種類の魚類が混ざって漁獲されることが問題なのではなく，漁獲魚類の中から特定の魚だけが選ばれて利用され，残りの魚類が無駄にされることが問題なのである．

§1. 混獲の実態

遠洋トロール漁業が実質的に壊滅したトロール漁業は，ロシア水域で稼働する北転船，東・黄海の以西底曳網漁船および沖合海域で操業する沖合底曳網漁船（沖底船）の約500隻が対象になる．漁法はオッターボード使用のトロールと2そう曳トロールで，着底トロール漁法が主体である．漁場の自然環境や社会環境が異なるので混獲実態も見かけ上違ってくる．表2·1は各地において1

表 2·1 トロール漁船別の水揚銘柄数
各漁船区分の漁船が1年間に扱った魚の銘柄数を示す．銘柄は生物種に対応しており，調査年次は各漁船で異なるが，各漁船の取扱い数は毎年ほぼ同じ．

漁船区分	主漁場	根拠地	水揚銘柄数
北転船	北クリル諸島沖	釧路港	16
沖合底曳網漁船	道東沖	釧路港	24
沖合底曳網漁船	太平洋南区	八幡浜港	126
以西底曳網漁船	東海・黄海	長崎港	49

* 水産工学研究所

隻（組）の漁船が1年間に漁獲，販売した魚類の銘柄（生物種）数を示す．最も離れた沖合水域を漁場とする北転船と沿岸水域を漁場とする太平洋南区八幡浜の底曳網漁船では，販売魚の銘柄数は約8倍も違う．魚の銘柄数は南の海域ほど，また沿岸に近いほど多く，北では少ない．魚種数が増えると混獲状況が複雑になること，ならびに国際環境の中で漁獲割当量の洗礼を受けているのは北方水域であることから，ここでは北の海を漁場として操業している釧路根拠の沖底船を中心に，併せて北転船について混獲の実態を概観する．

1·1 投棄生物

北転船の実質的な漁場はロシア水域であるため，ロシアの漁獲制度が適用され，割当てられた魚種別漁獲量にそって操業する．混獲は8％まで許容されているが，別にカニ，ニシンおよびオヒョウなどの漁獲禁止魚類の規制も受ける．魚体サイズについては魚種別に体長制限，網目制限が課せられている．また漁法も原則としてスケトウダラ操業では着底トロールは禁止されている[2)]．釧路船籍の沖底船の漁場はクリル諸島南部を含む道東沖合の水域であるが，ロシア水域で操業する場合は北転船と同様の規制を受ける．

投棄魚類の正確な記録は見当らないが，ロシアおよび水産庁に提出される漁獲成績報告書に記載されている投棄魚類，漁業関係者の聞取り，乗船観察から北転船と沖底船で投棄の対象となる生物を推定すると，表2·2に示すようになる．主な物としてはサメ類，エイ類，カジカ類，ビクニン類などの魚類とヒトデ，クラゲなどの棘皮動物，腔腸動物がある．北転船の場合はこれらの生物は総て投棄されるが，沖底船ではサメ類，エイ類などの魚類の一部は水揚げされる．禁止魚種は再放流として投棄されているが，北転船の場合は，通常水揚げされる漁獲対象魚類であっても漁獲割当量が決められており，積載量に限りがあるため，投棄の対象となる．図2·1はスケトウダラの漁獲および水揚げ

表 2·2　北転船の投棄対象生物
漁獲生物の中で投棄されると推定される生物．釧路機船漁業協同組合（柳川氏）調べによる（1995）．
＊印は通常食用とされるものを除く種

魚　類	他生物
サメ類	巻貝類
エイ類	ウニ類
アンコウ類	＊エビ類
イカ類	＊カニ類
カジカ類	ヒトデ類
ゲンゲ類	クラゲ類
ギンポ類	ヒドラ類
ビクニン類	カイメン類
ナガズカ	
トクビレ	
キュウリウオ	

された時点の体長組成を示すもので，体長 45 cm 以下の小型スケトウダラが主に投棄されたことが分かる．このような投棄の対象となる魚はキチジ，メヌ

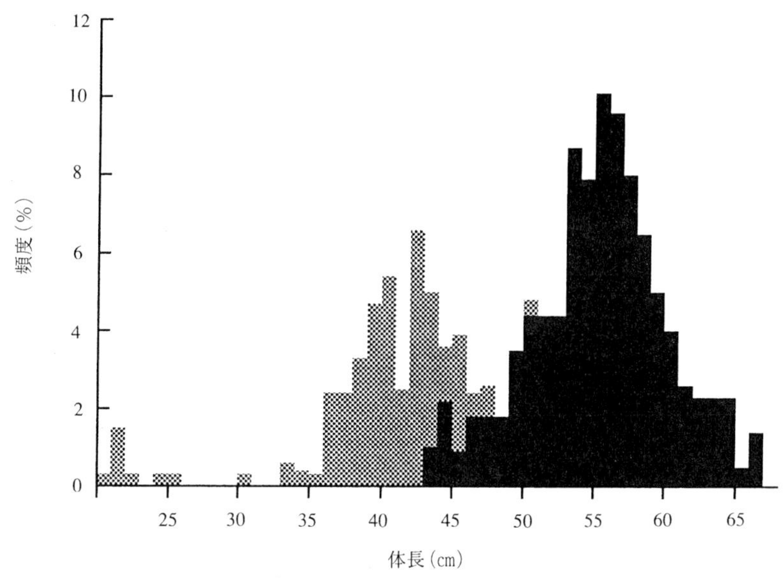

図 2･1 スケトウダラの漁獲，水揚げ尾叉長頻度
北転船による漁獲時の尾叉長を網目，水揚げ時を黒で表示．

表 2･3 魚種銘柄別単価
釧路魚市場における沖底船から水揚げされた銘柄別 1 kg 当たりの単価(円)を年別に示す．

銘柄	1990年	1991年	1992年	1993年
スケトウダラ	60	104	73	51
タラ	145	175	186	178
ホッケ	181	550	95	124
浅羽ガレイ	503	699	864	560
メヌケ	1,828	2,119	1,936	1,842

ケ類，マダラを除く総ての魚に及び，投棄の判断は市場の価格による．表 2･3 に釧路魚市場の魚種別の価格変動を示す．同じ魚種でも年により，価格が大きく変動することが分かる．しかも，季節により日を追っても大きな変動があることは勿論である．全体的に各魚種の年変動は 5 倍以内であるが，魚種間の価格差は大きく，スケトウダラの安価とメヌケの高価では40倍の違いになる．

1·2 沖底船の混獲

釧路の沖底船の主な漁獲対象魚種はスケトウダラが約80%を占め残りがイトヒキダラ，マダラ，赤魚類，イカ類，ホッケ，カレイ類などである．沖底船は自主的に集団操業をしているため，漁船間の漁獲魚種組成および一網の漁獲量の違いは比較的少ない[3)]．そこで釧路機船漁業協同組合に所属する沖底船Ｓ丸

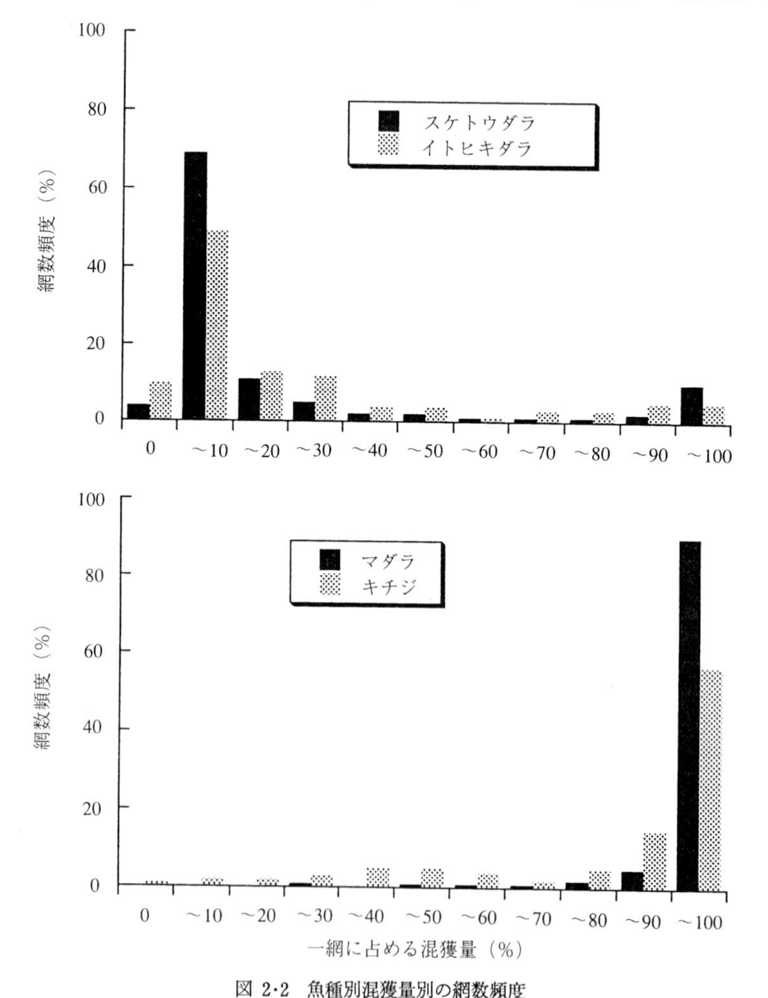

図 2·2　魚種別混獲量別の網数頻度

沖底船が漁獲した網毎の魚種別漁獲量から目的種以外を混獲魚として網数の頻度を求めた．

の漁獲成績記録について詳しく見ていく．

S丸の一網に漁獲された魚種について，一魚種を漁獲目的魚，残りの魚種を混獲魚とし，この漁獲量の割合を混獲率（%）とした．この混獲率別の網数頻度（%）を整理しその一部を図2·2に示した．スケトウダラおよびイトヒキダラを目的魚とした操業では他魚種を混獲する網（混獲網）数は少なく，混獲魚のない操業を含め混獲率10%以下の網が多い．一方，マダラおよびキチジでは一網のうち100%近くが他魚種によって占められる混獲網が主体である．実際の漁業では目的魚を定めて操業しても，結果としてしか確認できない．つまりスケトウダラを目的魚として投網しても，漁獲魚が100%ホッケであった場合はどのように判断されるのであろうか？　ここでは漁獲された魚種別漁獲量のうち50%以上の漁獲量を占める魚種を目的魚，他魚種については混獲魚として扱う．そこで前述の4目的魚種について各混獲魚が漁獲される網数を整理し図2·3に示した．

スケトウダラを目的魚とした場合，スケトウダラ目的の全操業（網）の総漁

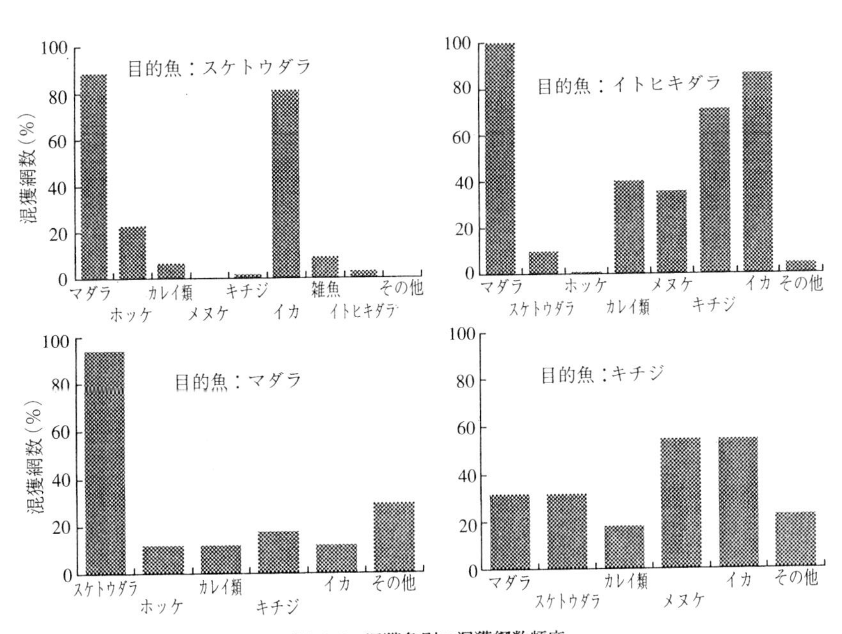

図 2·3　混獲魚別の混獲網数頻度
漁獲目的魚別に混獲魚が漁獲される網数頻度として示した．

獲量に占める混獲魚の漁獲量（混獲量）は４％に過ぎない．混獲魚種としてはマダラとイカ類の２種が80％以上の網に混獲される．同様に混獲量が10％と少ないイトヒキダラを目的魚とした場合では，混獲魚種としてはマダラは毎回，イカ類およびキチジが約70％以上の網に，カレイ類とメヌケが約40％の網に混獲され，混獲魚種数が増える．またいずれの場合でも混獲魚としてはマダラが優占種として浮ぶ．そこでマダラを目的魚とした操業を整理すると混獲量は全操業で40％に達する．しかし混獲魚種としてはスケトウダラが混獲魚の優占種となり，約90％の網に混獲され，他魚種の混獲網は少ない．同様に，混獲量が32％と多いキチジを目的魚とした場合をみると，20～50％の網にメヌケ，イカ類，マダラ，スケトウダラなどが平均的に混獲される．これら目的魚と混獲魚の関係からみると，スケトウダラやイトヒキダラを目的種とした場合のように混獲網が少なく，混獲量も少ないものと，マダラやキチジを目的種とした混獲網，混獲量が多いものがある．また，混獲魚の中に優占種がいるものと多種が混獲魚として漁獲される場合がある．さらにイトヒキダラを目的種とした操業では，イカ類が混獲される操業は約80％に達するが，量では10％を占めるに過ぎず，スケトウダラが混獲される操業は約10％と少ないが量では約60％を占める．すなわち目的種により操業毎に混獲されるが，量の少ない魚種と，あまり混獲されないが，入れば量の多い魚種もある．これらのことから，スケトウダラ，イトヒキダラは１魚種に絞った漁獲の可能性も高いが，キチジ，マダラのような魚種の場合は，複数魚種を漁獲目的とするか，或いは混獲としてしか漁獲が困難と思われる．混獲の違いが魚の生態，行動によるものか資源水準を反映したものか解明が急がれる．

§2. 実際の漁業における選択

実際の漁業における混獲に対する判断，考え方は前述とは異なる．マダラ，メヌケを狙った操業ではスケトウダラも同時に漁獲されることが多い．この場合，本来の混獲魚であるスケトウダラの漁獲量が目的魚より多いこともある．漁業者にとっては，単価30円の３トンのスケトウダラより単価2,000円のメヌケ0.5トンの方が遙かに価値がある．またケストウダラの漁獲が明確であれば，同時に単価の高い他魚種を狙った操業をする．初めから目的魚は複数であり，混獲を目指して操業するといっても過言ではない．単価の高い魚種と安い魚種が同時に漁獲可能であれば，漁獲可能量と積載可能量および操業持続日数との兼ね合いで，投棄が起こる可能性がある．特に，北転船のように冷凍能力をもち，1カ月稼働可能な漁船に漁獲割当制度を適用した場合は常にこのような状況が発生する危険が伴う．実際にスケトウダラの鮮魚積みのような量で勝負する最盛期は，1週間程度の操業で満船する航海が繰り返される．しかし沖底船のように冷凍設備が貧弱で1航海の操業日数が3～4日間程度の漁船では高い魚だけを選んで貯めるより，安くても満船にする航海を繰り返す方が効率的であるため，投棄のような現象が生じるのは稀となる．漁獲実績から漁獲能力は，北転船も沖底船も年間4,000～5,000トンと同じであるのに対し，経費は北転船で1日当たり150～200万円，沖底船で60～80万円と2倍以上の差がある．したがって利益を上げるための必然性として投棄の現象が生じる．一網の価値を如何に高める操業ができるかが，漁業者の腕であり，実力として評価されているのが実状である．

§3. 混獲の解決策

現在，投棄や低利用の魚類を漁獲しないための選択・分離漁獲技術の開発が多方面において進められている．小型底曳網に関する選択漁獲については漁業者，各県水産試験場の研究も多いが[4~7]，トロール漁業では，以西底曳網の網目選択性能試験，北太平洋における大目天井網や吊りグランドなどの混獲防止の試みを除けば比較的少ない[8~11]．しかし，沖合底曳網の選択性能[12]，北転船による各種網目コッドを用いた選択性能[13]，沖合底曳網における角目選択試験が実施され[14]，適正網目が検討されている．また以西底曳網を対象にした水平パネル網による魚種分離試験も実施されている[15]．これらは，魚のサイズ選別として，網目合を利用する混獲防止対策がほとんどで，魚種分離のための装置，網構造の変更などはなされていない．欧州では100年に及ぶ資源管理の歴史をもち[16,17]，幼稚魚保護，混獲防止のための選択性についての研究も多い．魚種サイズ選択・分離のための装置や網構造を変える試みとして，網目選択については網目拡大および角目網，角目網ウインドウなどの利用が図られ，分離装置としては網口からコッドへ至る途中に格子状の分離パネルを置き，ここを通過する魚類を一部はコッドへ，他は網外へ逃す．パネルのスリット間隔や材質，構造は様々であるが，選択・分離漁獲を検討する上で参考になる[18]．

わが国の場合，幼稚魚保護，資源保護の観点から時期的に操業時期の規制，操業水域の規制などの措置がとられ，実際の漁業では，場所，時期，曳網水深などを考慮し経験的に操業することで必要な魚類を漁獲してきた．これらの対策は現状で影が薄いが，決して方法として破綻したわけではなく，今後も強力な助けになる．混獲防止は，逃した魚類が生き残り次世代の資源に寄与できなければ無意味であり，単に魚をふるい分けるような機械的に分離することは無駄である．分離漁獲の評価は常に逃げた魚類の生残性の観点から成されなければならない[19]．むしろ，漁具に捕らえられた魚を逃がすのではなく，漁具に遭遇した時点で選別し，逃がしてやる漁獲方法の研究が大切になるだろう．

世界の混獲・投棄量が総生産量の約1/3に当たる2,700万トンであり，無駄にされている．混獲問題はこれからの世界の漁獲管理の在り方を探る入口に過ぎない[20]．混獲問題の目的は，投棄魚を少しでも減らし，利用効率を高めることであろう．わが国の漁業は遭遇した多種多様な魚類は全て漁獲し，幼稚魚から成魚まで全て利用することで食文化とともに発展してきた．現状の選別・分離能力のほとんどない漁具では，甲板に揚げられ必要な魚が選別される．沖底船の混獲で見るように技術的に選別・分離漁獲が可能な魚と混獲としてしか漁獲が困難と思われる魚類がある．市場の価格で漁獲目的魚が選ばれ投棄が生じることもあるが，漁獲の50〜80%が投棄されるか，闇で処理されるような諸外国のような現象は起きていない[20]．漁獲された種々の魚類は様々な形で利用され，小魚や質の悪い魚も食材料として，原料が安くないと成り立たない食文化の一端を担っている．選別処理を安い労働力に頼っていたこのような利用方法も近年の労働力不足から投棄処理に代わり始めている．投棄魚をなくすためには，目的魚以外の生物を生かして逃がす漁獲技術と，漁獲してしまった生物を如何に有効に利用していくかが重要な問題であろう．特定の生物のみを漁獲することが自然の生態系や多様性に与える影響やヒトデ・深海魚のような非食用生物の取り扱いについては答えがでていないが，漁業としては今までのように，多大の漁獲経費をかけ，投資額以上の生産額を得るために大量漁獲を目指すという戦略はとれなくなる．漁獲可能な魚種と量が定められてしまえば，食料である魚類は必然的に生産額が決まる．利益を得るためには，漁獲経費を如何に低く押さえるか，本来の漁獲効率を如何に高く維持できるか，混獲解決の根本として生産コントロールが鍵になるだろうし，そのための技術開発が重要な課題である．

文　献

1) 金田禎之編：総合水産辞典，成山堂書店，1986，p. 293.
2) 北洋漁業研究会：ソ連水域における我国漁船操業の手引き，新水産新聞社，1991，pp. 12–19.
3) (社)全国底曳網漁業連合会・(社)漁船協会：海底環境保全型底曳網漁法の開発報告書，1995，pp. 57–61.
4) 中西金則：全国漁業協同組合連合会第35回全国漁村青壮年婦人活動実績発表大会資料，1989，pp. 60–63.
5) 宍倉道雄：第36回全国漁村青壮年婦人活動実績発表大会資料，1990，pp. 56–63.
6) 新潟県水産試験場：昭和56年度指定調査研究総合助成事業（漁業技術），1982，pp. 1–24.
7) 清水詢道：神奈川水試研報，**11**，35–39 (1990).
8) 青山恒雄：西水研報，**23**，1–63 (1961).
9) 小山武夫・川島敏彦：水工研報，**4**，163–171 (1983).
10) 水産庁：昭和61年度北太平洋微少割当魚種混獲対策調査報告書，1987，pp. 1–105.
11) Japan Marine Fishery Resource Research Center : Report on the Japan/New Zealand joint survey on mesh selection experiment in the waters west of the north island of New Zealand by Shinkai-maru 1981, 1987, pp. 1–50.
12) 釧路機船漁業協同組合：沖合い底曳網胴尻網の漁獲選択作用調査報告書，1986，137 p.
13) (社)全国底曳網漁業連合会：トロール網漁法に関する日ソ共同調査報告書，1990，pp. 5–7.
14) (社)全国底曳漁業連合会・(社)漁船協会：選択トロール網漁法の開発報告書，1993，105 p..
15) (社)日本遠洋底曳網漁業協会・(社)漁船協会：以西底びき離底二そうびきシステム開発報告書，1994，84 p..
16) D. H. Cushing : The provident sea, Cambridge Uni. Press, 1988, pp. 1–329.
17) A. E. J. Went : Seventy years agrowing. ICES, 1972, pp. 1–252.
18) B. Isaksen and J. W. Valdemarsen : Marine fish behaviour in capture and abundance estimation (Edited by A. Ferno and S. Olsen), Fishing News Books, 1994, pp. 69–83.
19) F. S. Chopin and T. Arimoto : *Fish. Res.* **21**, 315–327 (1955).
20) D. L. Alverson, M. H. Freeberg, S. A. Murawski and J. G. Pope : *FAO, Fish. Tec. Paper*, **339**, pp. 1–235 (1994).

3. 小型底曳網漁業

藤 石 昭 生*

§1. 小型底曳網漁業の混獲とその防止策

漁業法上５業種に分類されている小型底曳網漁業の漁労体数は全国で２万１千以上に達し，過去３年間の漁獲量は約40〜43万トンで推移している．本漁業の中で最も重要な業種は手繰第２種であって，漁労体数も多く年間漁獲量は他の４業種に比べてはるかに多い．手繰第２種では拡網装置としてビームが使用され，主漁獲対象は小型エビ類が中心となるが，漁具本体に小目合の網地が使用されているため多種類の底魚類も混獲される．混獲された漁獲物の中で，有用種の小型個体および無価格種は投棄され，水揚げされる有用種はごく限られた量になる．この投棄魚が資源の再生産サイクルに悪影響を与えていることは指摘するまでもない．投棄量の増大は漁場を荒廃させる原因となるが，投棄量の実態調査は不十分のようである．したがってここでは混獲問題の解決には投棄魚の実態解明が不可欠であるとの認識の下に，投棄魚に関する調査結果の概要を紹介する．

手繰第２種漁業は沿岸各地で着業されているので，鮮魚供給という本来の役割の外にそれぞれの地域における地場産業としての重要な役割を果している．一方，ここ数年来，漁業界には漁業労働力の減少と高齢化が進行しつつあり，これに対処するため漁村の活性化対策が実施されてきた．この他の重要な漁業政策としては，沿岸200海里水域の高度利用を目指した資源管理型漁業の推進があげられる．その目標は資源の回復ないし保護をはかりつつ資源管理体制を構築することにある．小型底曳網漁業を含めた各種の沿岸漁業は，今後，好むと好まざるとにかかわらず，各業種ごとに適切な手段を見い出して資源管理型漁業を担う一員としての責任を負うことになる．この現状を認識し，併せて小型底曳網漁業の安定成長を願って，1990年以降に手掛けてきた手繰第２種漁業に関する混獲の実態調査結果を述べる．同時に，無駄な漁獲を少なくするため

* 水産大学校

の混獲防止に関する設計試案を紹介する.

§2. 混獲および投棄魚に関する実態調査

手繰第2種漁業（以下，第2種漁業という）は小型エビ類（アカエビ，トラエビなど）を主漁獲対象として許可される漁業であるが，これらのエビ類以外の漁獲物を目的外の混獲種として位置づけ混獲問題を論じるのは暴論といえよう．資源管理型漁業が推進されている中で，最も重要なことは漁獲物に占める投棄魚の実態を調べ，無駄な漁獲を少なくして資源の有効利用をはかることにあろう．現在までに，投棄魚は特定海域において標本による調査[1~3]や特定種を対象にした調査[4,5]が実施されてきたが，得られた資料が現場の漁業者に対して資源管理に役立つ手法として還元されるまでには至ってはいない．ここに小型底曳網漁業を対象にして資源管理型漁業を推進させることの難しさがある．しかし，投棄魚調査で早急に要求されている課題は，継続的調査を実施して質的・量的評価に足る資料を蓄積し，無駄な漁獲の防止に役立つ方策を確立することにある．ただし，小型底曳網漁業は地域的特徴から判断して，その漁具規模および漁獲対象魚も異なるので，この種の調査は全国的な拠点選定方式で今後も計画的に進める必要がある．

以上の観点から，1990年以降，山口県の日本海側南部における第2種漁業を取り上げ，混獲および投棄魚の実態調査を実施したので，その結果をとりまとめる．実態調査の概要（日時，漁場，曳網時間と回数）を表3·1に示す．調査は1990年の予備調査を除いて3年間に4回のシリーズに分けて実施され，年度によって曳網時間に差があるものの，曳網回数は延べ30回である．調査に使用した漁船は現地で傭船し，その漁船が使用中の漁具を調査漁具とした．漁獲物

表 3·1 小型底曳網（第2種）漁業の混獲および投棄魚の調査概要

シリーズ	年	月　日	曳網回数	昼夜	曳網時間（分）	漁　場
1	1990*	30/8—31/8	10	○	30	油谷湾
2	1992	1/6—2/6	8	○●	60～90	下関西沖
3		22/11	2	○	65～84	下関西沖
4	1993	26/7，1/8	8	○●	60～75	下関西沖
5	1994	7/9—8/9	12	●	27～32	下関西沖

* 予備調査（魚類のみ）

の調査方法は，悉皆調査であり，漁獲物を曳網回数別に仕分けして実験室にもち帰って保存し，後日，魚種別に体長・体重を測定した．

図 3·1 に示すように，山口県の日本海側における第 2 種漁業に対する許可海

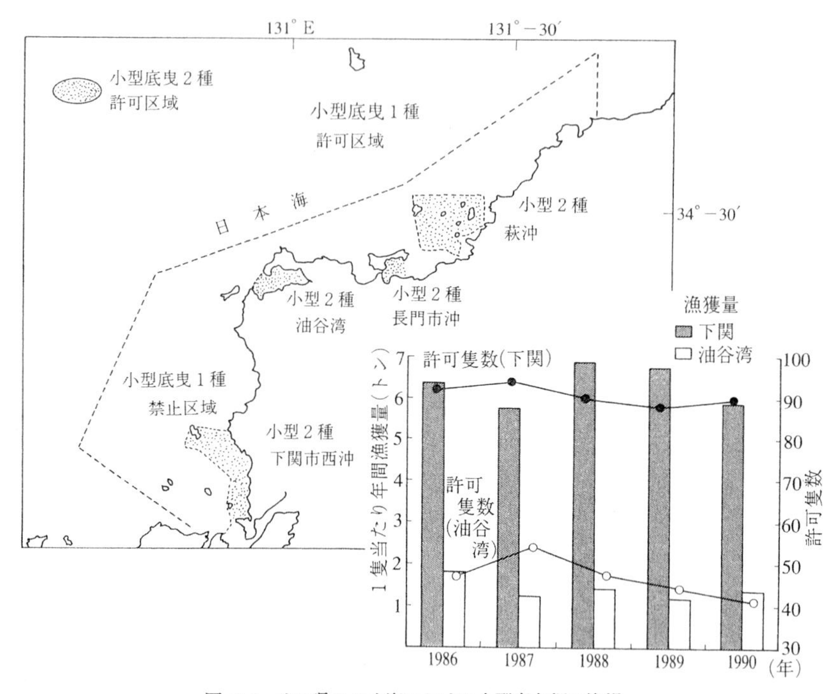

図 3·1　山口県の日本海における小型底曳網の漁場

域は 4 か所に分散し，極めて狭い海域に限られている．図中の油谷湾および下関市西沖の両漁場を上記の調査海域に選んだ．前者は，西側だけが開口部となって日本海に面した内湾性の狭い漁場であり，後者は西側から北側一帯が日本海に面する開放型の漁場である．この図に挿入したグラフは両漁場における第 2 種漁業の漁獲実績（1 隻当たり年間漁獲量）と許可隻数の経年変化を示したものである．油谷湾の漁獲実績が下関市西沖のそれに比べて小さいのは他種漁業との兼業が多いことおよび漁具規模が小さいことによる．使用漁具規模は，油谷湾では全長約 14 m の漁具にビームが 8 m であるのに対し，下関市西側では全長約 23 m の漁具に 15〜18 m のビームが用いられている[6]．調査漁具のコッドエンドの目合は 23〜33 mm であった．

§3. 投棄魚に関する調査結果

油谷湾での調査は，魚類のみを調査対象とした予備調査であって，昼間に10回の曳網を実施した．この調査から得られた漁獲物は41種であった．また漁船の所有者からの聞き取り調査に基づいて，漁獲物を高価格種・低価格種・無価格種の3価格帯に大別してそれぞれの重量組成を調べるとともに価格帯別に投棄量を調べた．上記の41魚種中，高価格種は25種，低価格種は9種および無価格種7種であった．なおこの価格帯別の分類は漁業者の主観が働いているとみるべきであって，地域によって分類の基準は異なるであろう[7]．図3･2は油谷

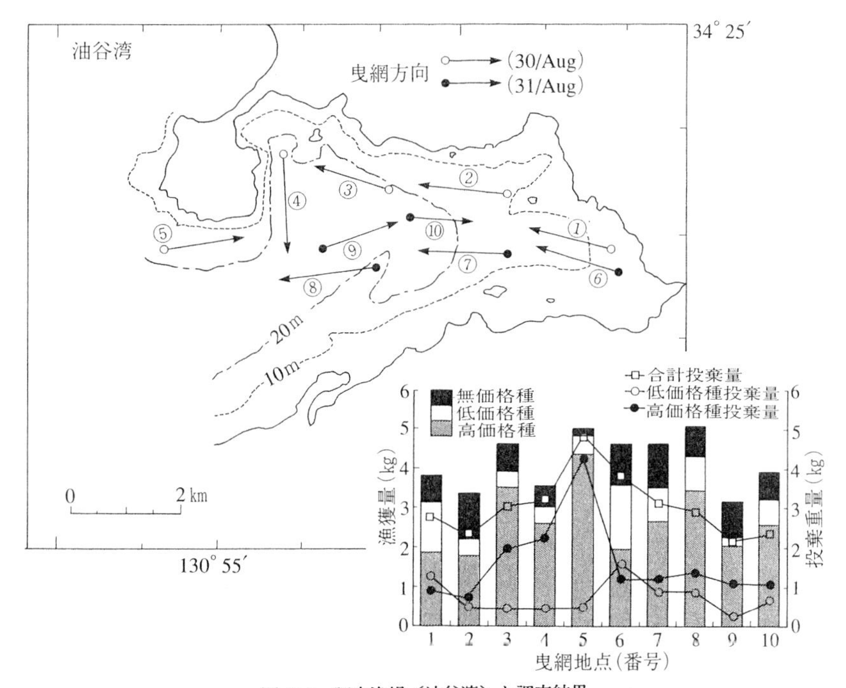

図 3･2 調査漁場（油谷湾）と調査結果

湾での調査結果であり，各曳網回数別・価格帯別に投棄重量の変化を示したものである．全漁獲量（41.6kg）中，投棄重量は29.9kgである．つまり油谷湾の魚類については，重量投棄率が71.8%と非常に高率となり，如何に多くの無駄な漁獲がなされたかが判然とする．

下関市西側での調査では，1992〜1994年の3年間に延べ30回の曳網実験を実

施した．この調査では，小型底曳網の漁獲対象となる全ての魚類相（イカ，タコ，エビ，カニ類を含む）を調査対象とした．当漁場の漁獲物を大まかに分け，魚類・甲殻類・軟体類・貝類の4項目に分類して表3·2に示した．下関市

表 3·2　混獲および投棄魚調査における漁獲物

シリーズ	年月	魚類	甲殻類	軟体類	貝類	種類数	総個体数	総重量（kg）
1	1990*	41	—	—	—	41	—	41.6
2	1992/6	68	30	9	2	109	18318	193.8
3	/11	39	11	5	0	55	1939	48.1
4	1993	66	27	7	5	105	20849	167.5
5	1994	49	25	5	2	81	15410**	137.1

* 魚類のみ調査，** 測定不能個体数（無価格），2026尾（4.4 kg）を含む

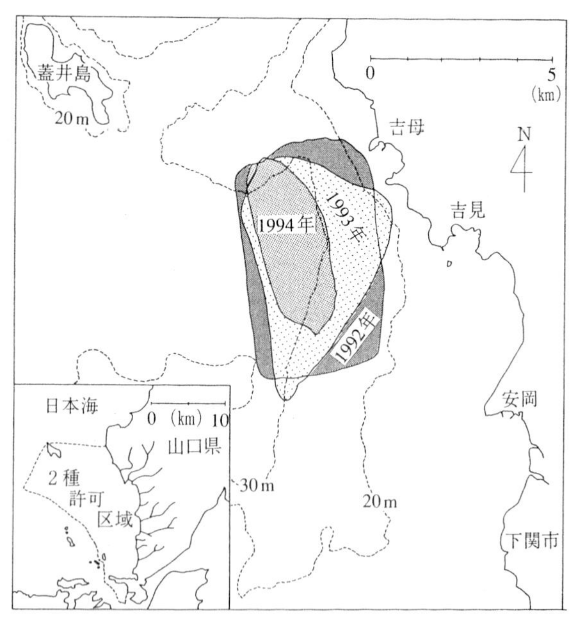

図 3·3　下関西沖における年度別調査漁場

西側における調査漁場は，図3·3に示したとおり，年度によって多少の変動が見られるものの，3年間を通じてほぼ同じ海域内にあったとみなしてよい．漁獲物調査については油谷湾での調査に従い3価格帯に分類し，魚種別に個体数・体長組成・体重組成を調べた．これらの調査と平行して，魚種別・価格帯別

に投棄重量と投棄尾数を調べた．なお有用種（高価格種および低価格種）の中の小型魚体は投棄の対象となるので，漁船乗組員からの聞き取り調査によって投棄の基準となる体長を定め，この基準に基づいて投棄重量および投棄尾数を集計した[7]．この集計結果から重量投棄率と尾数投棄率を計算した．得られた結果を表 3･3 に示す．無価格種は揚網後に全量が投棄され，これに有用種の投棄

表 3･3 価格帯別に分類した投棄魚の重量投棄率と尾数投棄率

年月	価格別	種類数	重 量 (kg)	投棄重量 (kg)		重量投棄率 (%)	尾 数	投棄尾数		尾数投棄率 (%)
1990*	—	41	41.6	29.9		71.8	—	—		—
1992 6	高	44	131.9	4.1		3.1	5512	164		3.0
	低	25	10.5	2.6		24.8	1190	401		33.7
	無	45	51.3	51.3		100.0	11616	11616		100.0
	計	114	193.7	58.0	平均	29.9	18318	12181	平均	66.5
11	高	28	42.4	9.9		23.0	1097	61		5.6
	低	10	2.3	0.7		30.0	99	31		31.3
	無	18	3.3	3.3		100.0	743	743		100.0
	計	56	48.0	13.9	平均	28.3	1939	835	平均	43.1
1993	高	45	79.7	14.6		18.3	8028	2599		32.4
	低	16	10.6	2.7		25.5	794	373		47.0
	無	44	77.2	77.2		100.0	12027	12027		100.0
	計	105	167.5	94.5	平均	56.4	20849	14999	平均	71.9
1994	高	36	97.9	26.8		27.4	10453	2000		19.1
	低	11	17.8	4.7		26.4	1010	453		44.9
	無	34	21.4	21.4		100.0	3947	3947		100.0
	計	81	137.1	52.9	平均	38.6	15410	6400	平均	41.5
小計 1992～1994	高	—	351.9	55.4		15.7	25090	4824		19.2
	低	—	41.2	10.7		25.9	3093	1258		40.7
	無	—	153.2	153.2		100.0	28333	28333		100.0
総計	—	—	546.3	219.3	総平均	40.1	56516	34415	総平均	60.9

* 総平均から除く

を含めた尾数投棄率の年度差は大きい．このような大差が生じた原因は，曳網時間帯や調査時期の違いによって漁獲魚類相が異なったことにあろう．また商品サイズに達していない有用種の小型魚の投棄尾数は無視できない．これが資源管理上の重大な問題点であり，小型底曳網用の分離漁獲装置の開発が望まれ

る所以でもある．表3･3の高価格種だけを参照すると，3年間の水揚げ尾数は約25,000であるのに対して，投棄尾数は約4,800であるから，この価格帯の漁獲物の約20％が未成熟個体であったために投棄されたことになる．一方，低価格種の投棄率を3年間の平均値でみると40％強で，高価格種に比べて無駄な漁獲が多くなっている．

また価格帯をこみにした重量投棄率も3年間の平均値で40％である．これは当該漁場で操業する小型底曳網漁船の重量投棄率の近似値とみなせる．いま下関西沖で1隻当たり年間漁獲量を約6トン（図3･1）とすると，投棄魚を含めた1隻当たり年間漁獲量は上記の重量投棄率をあてはめて，約10トンと得られるので年間1隻当たり4トン前後が投棄されていることになる．ここに得た値に操業隻数（90隻，図3･1）を乗じた360トンが下関西沖での小型底曳網漁船による年間全投棄量の推定値になる．この計算例はごく大雑把であるが，投棄全量を把握するには都合がよい．

§4. 有用種と無価格種の主要魚種組成

資源の有効利用や漁業規制の在り方を考える場合，有用種ばかりでなく投棄対象種に関する漁獲の実態も魚種別に把握しておくことが望まれる．有用種とは水揚げ対象種であって高価格種と低価格種からなるが，これらの未成熟個体は無価格種とともに投棄される．この種の投棄魚の一部は有用種の餌生物ともなるので，長期的な資源管理の立場からみると無価格種といえども無駄な漁獲を避けたほうがよい．この観点から，下関市西沖での漁獲物を有用種と無価格種に大別して，魚類10種・甲殻類5種を漁獲尾数が多い順に選び年度別に整理した．その結果が表3･4，3･5である．各表の番号の丸印は3年間の調査期間中に共通して漁獲された主要種を意味している．また表中の各漁獲尾数は曳網時間の長短を考慮した補正値ではなく総尾数であるが，主要な有用種と無価格種に関する漁獲傾向を反映しているとみなしてよい．これらの主要種をみると，無価格種では成熟後のサイズも小型に属し，有用種では成熟するにつれて大型個体に成長するものが含まれている．

当漁場の第2種漁業が漁獲対象にしている主要種は，アカエビ，トラエビに代表される小型のエビ類であるが，混獲される有用魚類も多くその漁獲重量が

表 3·4　下関西沖での主要な有用種と無価格種の漁獲尾数（魚類）

年度	有用魚種（高価格＋低価格）				無価格種		
	順位	魚種名	水揚げ体長	尾数	順位	魚種名	尾数
1994	①	ガンゾウビラメ	(10 cm)	2044	①	テンジクダイ	164
	②	アカシタビラメ	(30 cm)	377	②	オキヒイラギ	119
	3	サバフグ	(5 cm)	163	3	ウミドジョウ	42
	4	タチウオ	*(30 cm)	129	4	ゴンズイ	38
	5	トカゲゴチ	(5 cm)	129	5	ハチ	24
	⑥	ネズミゴチ	(6 cm)	120	⑥	イトヒキハゼ	11
	⑦	クラカケトラギス	(10 cm)	80	⑦	ハオコゼ	8
	8	シログチ	(10 cm)	75	8	ネンブツダイ	8
	9	マアジ	(10 cm)	72	⑨	ササウシノシタ	7
	⑩	エソ類	(5 cm)	51	10	ヒメオコゼ	3
		合計		3240		合計	424
1993	①	ガンゾウビラメ		2405	①	テンジクダイ	592
	②	エソ類		245	②	オキヒイラギ	122
	3	ソコカナガシラ	(20 cm)	219	3	ウミドジョウ	105
	④	ネズミゴチ		184	4	ボウズハゼ	56
	⑤	クラカケトラギス		118	⑤	ハオコゼ	44
	⑥	アカシタビラメ		101	⑥	ササウシノシタ	37
	7	カイワリ	(10 cm)	89	7	セトウシノシタ	34
	8	ムロアジ		71	⑧	イトヒキハゼ	13
	9	マアジ		71	9	ミノカサゴ	11
	10	マアナゴ		57	10	オオスジイシモチ	6
		合計		3560		合計	1020
1992	①	エソ類		1540	①	テンジクダイ	602
	②	ネズミゴチ		394	②	イトヒキハゼ	70
	③	アカシタビラメ		269	③	オキヒイラギ	54
	4	チカメダルマガレイ	(5 cm)	217	4	ネンブツダイ	48
	5	アカハゼ	(7 cm)	120	5	ギンポ	18
	⑥	クラカケトラギス		95	6	テッポウイシモチ	15
	⑦	ガンゾウビラメ		60	⑦	ハオコゼ	13
	8	マアナゴ		52	⑧	ササウシノシタ	10
	9	タチウオ		43	9	アオミシマ	5
	10	イネゴチ	(10 cm)	26	10	オニゴチ	4
		合計		2816		合計	839

○印は3年間に共通して漁獲された種類
* 吻端から肛門までの長さ

エビ類のそれより優るため副漁獲物として漁業経営上重要視されている．まず混獲される有用魚類は表3·4に示した10種であり，その中の5種は3年間の調査期間中に共通にみられたことから主要な混獲魚であると思われる．なお表

表 3·5　下関西沖での主要な有用種と無価格種の漁獲尾数（甲殻類）

年度	有用種			無価格種		
	順位	種名	尾数	順位	種名	尾数
1994	①	アカエビ	3364	①	イシガニ	1084
	②	トラエビ	2208	②	キメンガニ	153
	3	ガザミ	194	3	テナガコブシガニ	25
	④	ヨシエビ	160	4	ヘイケガニ	15
	5	クルマエビ	24	⑤	テナガテッポウエビ	13
		合計	5950		合計	1290
1993	①	アカエビ	2107	①	イシガニ	10518
	②	トラエビ	1671	②	キメンガニ	145
	③	ヨシエビ	135	③	テナガテッポウエビ	131
	4	シャコ	88	4	テッポウエビ	13
	5	ミナミシロエビ	43	5	イシエビ	10
		合計	4044		合計	10817
1992	①	トラエビ	1355	①	イシガニ	10269
	②	アカエビ	1235	2	テッポウエビ	123
	③	ヨシエビ	342	③	テナガテッポウエビ	107
	4	ミナミシロエビ	174	④	キメンガニ	89
	5	シャコ	81	5	エビジャコ	42
		合計	3187		合計	10630

○印は3年間に共通して漁獲された種類

3·4の有用魚種が投棄対象となる基準については，聞き取り調査よって定めた「水揚げ体長」の欄を参照すればよい．この基準にしたがうと，下関市ではかなり小型の有用種も水揚げの対象となっていると判断される．一方，同表の10種の無価格種については，その合計漁獲尾数は有用種と比べて大幅に少なく，さらにいずれの無価格種も成熟個体自体が小型であるところに特徴がある．無価格種の代表種はテンジクダイおよびオキヒイラギの2種であり，これらを除いた8種は漁獲尾数も少ない．

次に甲殻類の主要魚種組成は表3·5のとおりであり，有用種では上記の小型エビ類2種の漁獲が多く，これらの外にヨシエビ・ガザミ・クルマエビ・シャ

コなども少数ながら漁獲される．甲殻類の無価格種については，小型のカニ類の漁獲尾数が圧倒的に多く，小型のエビ類の漁獲尾数が極めて少ない．

§5. 卓越種の漁獲尾数と漁獲重量

一般に，底曳網による漁獲物は年度・漁場・季節・曳網時間帯（昼夜の別）の差異により魚種組成が大きく異なり，この差が投棄量の大小を左右する．下関市西沖における調査は同一漁場内で実施されたものの，調査時期や曳網時間帯が違うため魚種組成や投棄量にも年度差が認められた（表3·4，3·5）．さら

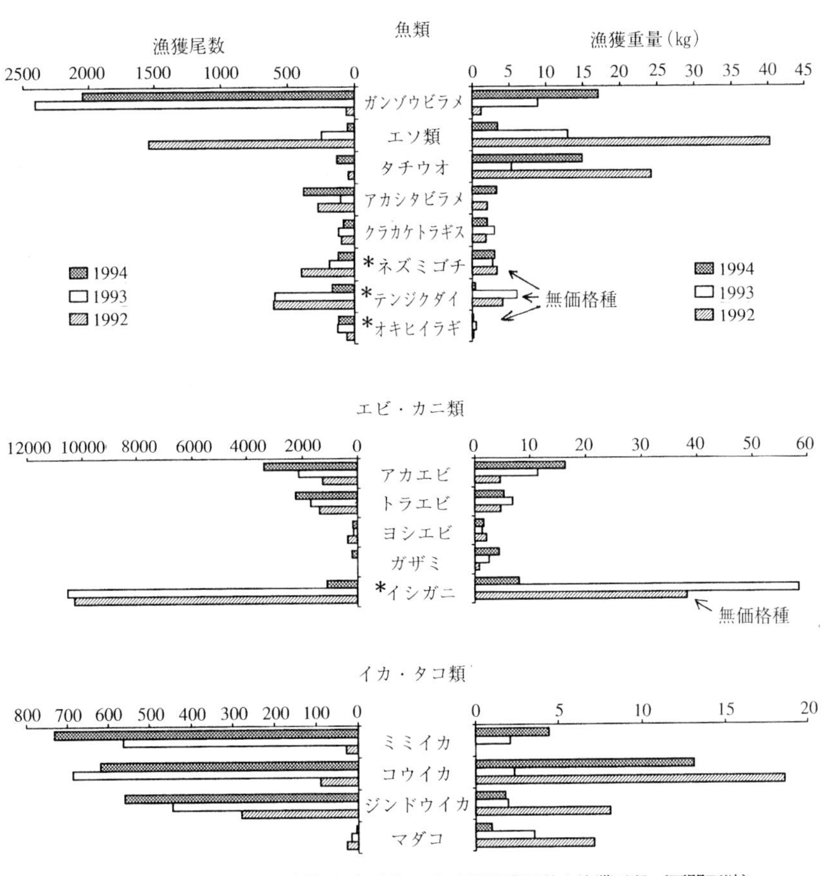

図 3·4 価格帯を無視した卓越種（17種）の年度別漁獲尾数と漁獲重量（下関西沖）

に当漁場の漁獲魚種数をみると，1994年度に81種，1992年度に109種という多種に達した．これらの漁獲物について漁獲尾数と漁獲重量とを魚種別に整理すれば，両者の関係から魚体の大きさが類推できるので結果的に投棄量の大まかな推定に役立つ．ここでは紙数の関係から，全魚種の中から全調査期間を通じて漁獲尾数が多かった卓越種（17種）を価格帯を無視して選び，その漁獲尾数と漁獲重量を調べた．その結果を図3･4に示す．図中の8種の魚類の中の5種が有用種であって，魚種別漁獲重量が小さく漁獲尾数が多い魚類（ガンゾウビラメ）では投棄率が高い．ただし，図3･4のエソ類の値は外形が酷似している2種類のエソ類の合計である．

上述の各有用魚類の体長組成は広く，各魚類ごとに投棄される体長も異なる．図3･5は主要な有用魚類4種の体長組成と投棄の対象となる基準体長を示したものである．

甲殻類（エビ・カニ類）4種では，イシガニの全量が投棄対象となり，ガザミの未成熟個体も投棄対象となる．軟体類（イカ・タコ類）4種については，

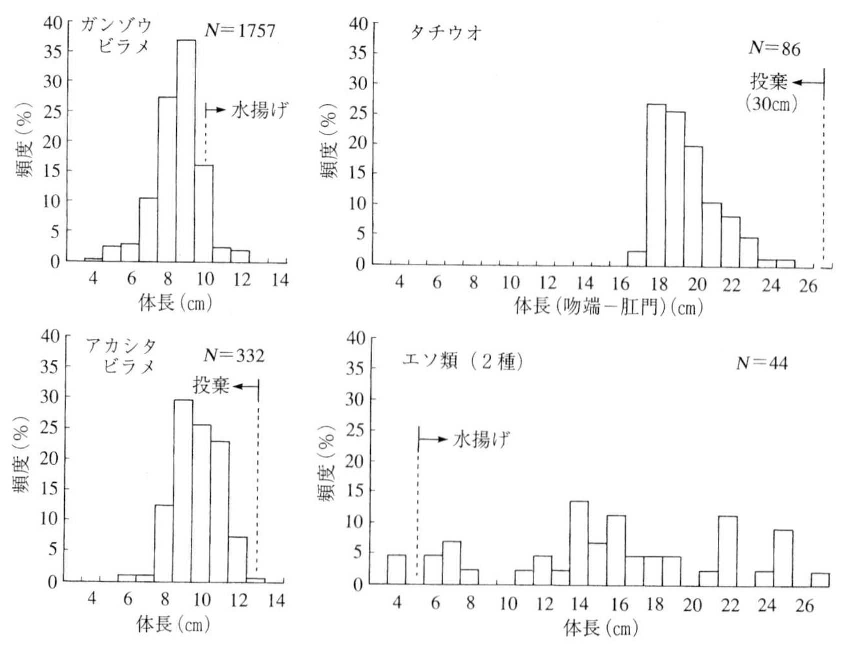

図 3･5　主要4魚種の体長組成と投棄基準体長

通常，全量が水揚げ対象とされているが，特に成熟個体でも小型な個体に属するミミイカ，ジンドウイカの2種については操業当日の漁模様の良否により，水揚げするか，または投棄するかが決められるようで，投棄の実態を把握するのは困難である．

§6. 分離選択型漁具の開発指針と基本設計

底曳網類では多様な魚種の混獲と個体の大小による混獲とが同時に起こる．特に小目合の網地で構成されている小型底曳網の場合には有用種・無価格種の別を問わず，小型個体の混獲率が高くなる．この現状を考慮すると，小型底曳網用の混獲防止策を開発して資源の浪費に繋がる無駄な漁獲を減少させるには，その第一段階として有用種と無価格種からなる多種類の漁獲物を調べ，これらの中から分離・選択的に漁獲すべき対象種を絞り込むのが先決であろう．前述の主要種が選択的に漁獲すべき対象となろう．以上のように，主要な有用種を決めても，今後開発すべき混獲防止策に完全な分離・選択機能をもたせることは不可能である．したがって混獲防止策の開発に当たっては，特定種を対象とした分離・選択装置の実用化を目指すのではなく，複数の有用種の小型個体および無価格種に対して分離・選択機能をもった設計にすべきである．この場合，現状の漁獲レベルの低下は免れないが，漁業者が許容できる漁獲量低下の限度も調査しておく必要があろう．

現在までに，大型および小型底曳網用の混獲防止策ないし分離・選択装置が提案され，その効果も実験的に明らかにされてきた[8~11]．しかしこれらを概観すると，特定種を対象とした装置であるか，または装置自体が複雑で漁業者に受入れ難い傾向にあるなど，今後解決すべき事項も多い．一方，分離・選択効果だけを優先させた開発では，投揚網作業に支障をきたし漁業者に敬遠されかねない．昨今の小型底曳網漁業の現状をみると，分離・選択効果に多少の難点があっても，実用化可能な分離・選択型漁具の開発が重要課題になる[12]．ここでは計画段階にあって，試験操業を目指して準備中の分離・選択型漁具の試案を図3·6に示す．本試案は中仕切り網方式の2階網であって，中仕切り網と底網の前端部の網口に傾斜型グリッドを配置する．またグリッドの有効高さを網口高さの約半分とすることで分離・選択効果を犠牲にし，ある程度の漁獲物が確保できるように配慮した．

2階網方式とした理由は，分離・選択効果を判定するための資料収集にある．実用化に際しては，中仕切り網を廃止して1階方式に改め，グリッド部分を独立構造として網口に固定する設計とする．グリッド間隔を適切に保持する設計であれば，従来の網目規制策に優る分離・選択機能を発揮すると期待できる．

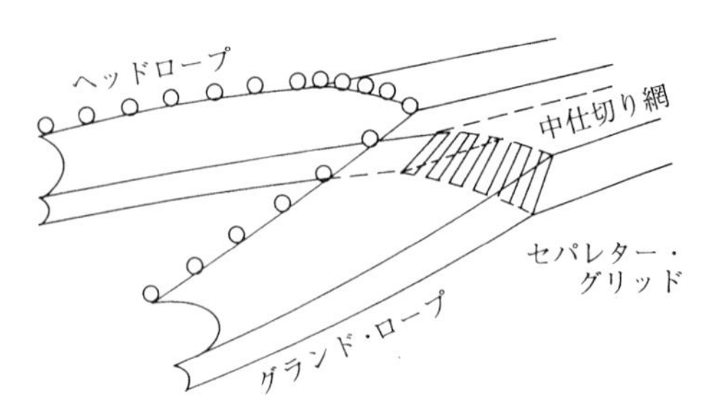

図 3·6　混獲防止型小型底曳網の設計概要

山口県内では水産試験場の指導の下に，日本海側および瀬戸内海側の若手漁業者グループが自発的意思で分離・選択型漁具を開発するための基礎研究に取り組んでいる．現在，試行錯誤の段階にあるが，彼らの考え方を参考にしながら上述の試案の実験に取り組みたいと考えている．

文　献

1) 北沢博夫・大阿久俊郎：日水誌. **48**, 1089-1093 (1982).

2) 森由起彦：第15回南西海区ブロック内海漁業研究会報告, 1-6 (1983).

3) 横松芳治：第16回南西海区ブロック内海漁業研究会報告, 9-29 (1984).

4) 東海　正・伊東　弘・正木康昭・山口義昭：漁業資源研究会議西日本底部会報. **13**, 7-17 (1985).

5) 大富　潤・中田尚宏・清水　誠：日水誌, **58**, 665-670 (1992).

6) 藤石昭生・手島和之：水産大学校研究報告, **39**, 34-47 (1991).

7) 井上　悟・永松公明・藤石昭生・阿部　寧：水産大学校研究報告, **42**, 109-118(1994).

8) J. Main and G. I. Sangster: *Fish. Res.* **3**, 131-145 (1985).

9) 東海　正・小川泰樹・小川　浩・阪地英男・佐藤良三：漁業資源研究会議西日本底魚部会報, 1-13 (1992).

10) J. W. Watson, J. F. Mitchell, and A. K. Sha: *Mar. Fish. Rev.*, **8**, 1-9 (1986).

11) B. Isaksen, J. W. Valdemarsen, R. B. Larsen, and L. Karlsen: *Fish. Res.*, **13**, 335-352 (1992).

12) 藤石昭生：日本水産学会漁業懇話会報, **33**, 13-28 (1993).

4. エビトロール網漁業

松 岡 達 郎*

日本は世界のエビ総生産250万トンのうちの約13%を消費し，米国と並んで世界最大のエビ消費国の一つであるだけでなく[1]，基地操業や合弁企業操業などを通して，世界中のエビトロール漁業の開発に大きく関与してきた．近年，日系企業の海外操業からの撤退，産業の現地化が進行してはいるが，生産量の多くが日本に輸出され，結果的には開発輸入に近い形態で日本の水産業との緊密な関係は維持されている場合が多い．海外のエビトロール漁業も日本の漁業の多様な側面の一つであるといってよい．本章ではクルマエビ類を主な対象とし混獲が最も激しい漁業の一つである熱帯・亜熱帯浅海域におけるエビトロール漁業を中心に述べる．

§1. 混獲と投棄問題の現状と問題点

熱帯・亜熱帯エビトロール漁業は，1960〜70年代に米国メキシコ湾での操業で底魚類の混獲が問題化した[2]のをはじめ，混獲魚とその海上投棄が最も早い時期から注目された漁業の一つである．世界各地のエビトロール漁業から報告された事例によれば（表4·1），その混獲動物は海産爬虫類（ウミガメ類）と魚類に大別される．

ウミガメの混獲は，希少動物保護の立場から問題となった[9,10]．メキシコ湾と大西洋岸の米国エビトロール漁業の例では，1980〜82年，ケンプヒメウミガメ843尾が混獲され，長時間曳網によるストレスによりそのうちの275尾が死亡していた[8]．魚類の混獲は，当初エビトロールの操業上の障害を除くべく取り組まれた[13]のを別にしても，各地で他の漁業との間の様々な問題として取り上げられた[3,5,7]．米国南東海域では混獲魚の投棄が底魚漁業者との対立を引き起こした[4]．ジャワ・スマトラ海域では小規模沿岸漁民からの反対が[6]，パプアニューギニアのパプア湾では沿岸村落住民の生業漁労活動の対象魚の混獲投

* 鹿児島大学水産学部

棄が問題となった[11]．大量の投棄魚の腐敗による，底魚漁業の漁獲物の悪臭や隣接する海浜の汚染などの問題もとり上げられている[2]．

魚類の混獲と海上投棄の程度も各地からさまざまな値が報告されている．オーストラリアのトーレス海峡では，混獲は平均でエビ漁獲重量の約6倍，多いときには漁獲の全量に達し，ロブスター以外の全ての混獲動物の投棄は海域全体で年間4,800トンに及ぶと推定された[7]．パプア湾の例では混獲はエビ漁獲の9倍から14倍で混獲魚のうち水揚げされるのはニベ，フエダイ，ヨロイアジ類などの大型個体に限られ，多くても重量で混獲量の2.7%から4.2%である．投棄量は年間1.1万トンから2.0万トン，同国の沿岸漁業による総漁獲量と同等かもしくはこれを超えると推定される（Matsuoka，未発表）．一般に高緯度海域での操業では，混獲はエビ漁獲量の5倍程度までであるのに対して，熱帯・亜熱帯操業では10倍またはそれ以上，全世界のエビトロールで少なくとも毎年約500万トンが混獲され，その多くが海上投棄されていると推定されている[12]．

表 4·1　混獲と投棄問題の報告例

海　　域	報告内容と指摘された問題点（括弧内は報告年）
メキシコ湾	魚類の混獲は控えめに見積もってエビの5倍．カリブ海を含めて周辺水域全体で少なくとも35万トンを投棄（1976）[3]
米国南東海域	魚類の混獲はエビの3倍から20倍．底魚漁業者と対立（1977）[4]
アラフラ海	魚類の混獲がエビの約20倍．大半を投棄（1984）[5]
ジャワ・スマトラ	伝統的小規模沿岸漁民からの弱選択的エビトロールへの反対（1984）[6]
トーレス海峡	魚類の混獲はエビ重量の約6倍．ロブスター以外の全てを投棄，年間4,800トン（1986）[7]
米国大西洋岸	1980〜82年，ケンプヒメウミガメ（年間産卵上陸メス約600個体）を843個体混獲，ストレスで275個体死亡．メキシコ水域ではその倍が死亡と推定(1987)[8]
米国南東海域	アカウミガメ現存数387,000で，年間10,000〜23,000が混獲死亡，第一原因はエビトロール．ヒメウミガメ，アオウミガメの人為的死亡でもエビトロールが関与（1988）[9]
北オーストラリア	180分曳網当たりウミガメ4種で0.045個体混獲，死亡率6％．1988年，推定4,114個体混獲，247個体死亡（1990）[10]
パプア湾	魚類が漁獲の93%，うち約97%を投棄．年間投棄量は1.1万から2.0万トン．沿岸生業漁労の対象種が多く問題化（1991）[11]（一部未発表資料）
全　世　界	年間魚類500〜600万トンを混獲，その多くを投棄（1982）[12]

以上のように，混獲魚が他の漁業の対象種でこれを投棄している場合，資源管理上の問題となるが[2]，熱帯途上国で行われるエビトロール漁業で隣接の零

細漁業や村落レベルの生業漁労の対象種が混獲投棄される場合には[6,11]，途上国における村落生活基盤の保全という開発政策の基本に関わる特殊な問題も含まれる．現在では未利用種が投棄される場合でも，海洋環境と生物の多様性の維持という視点から容認されない機運にある．

混獲魚が発生する理由は漁具の弱選択性と，エビと混獲種が混在する漁場の特性にあるが[2,4]，これが投棄される理由は経済性のなさにある[8]．熱帯エビトロールの場合，対象とするクルマエビ類とヒイラギ，ニベ，ヒメジ，イサキ，ツバメコノシロ類などを中心とする混獲魚[2,11]の間の価格差が大きいため，投棄率が高くなると考えられる．多くの熱帯エビトロール漁場が僻地沿岸にあり近隣に適当な市場がないため，他の地方では商業種となるものでも投棄されるという事情もある．漁船の装備，特に魚倉容積が混獲魚の製品出荷に対する制限要因となるとの論があるが[12]，これは混獲魚の水揚げが当初から考慮されていないのと同義である．この傾向はエビ単品に集中した高級輸出商品向け生産を目的とした途上国における操業で顕著である．

§2. 混獲問題に対する対策

エビトロール漁業における混獲問題に対する対策は主に，(1)混獲魚の有効利用による投棄魚の削減[14]，(2)混獲防除装置による混獲そのものの削減の2つの方向で試みられている．混獲動物の利用法には，食用向けの出荷ばかりでなく，加工材料，畜産餌料，養殖餌料としての利用もある[15]．

エビトロールによる混獲動物は，(1)希少種・保護種，(2)他漁業の漁獲対象種の出荷サイズ，(3)上記の稚仔，(4)未利用種に類別できるが，これらに適用すべき対策は単一ではない．未利用資源に対しては有効利用が最適の選択であろうが，混獲動物が希少種・保護種である場合，利用が解決策になり得ないのはいうまでもない．利用法の開発がそれまでの混獲魚を漁獲対象魚に転換する場合がある[16]．これが他漁業の対象種である場合，一般に漁業調整が必要となるが，零細漁業や沿岸住民の自給自足的漁労の対象種である場合には，企業的漁業による漁獲の拡大は問題を悪化させるかもしれない．有用種の若年個体の場合にも，水産資源管理の観点から利用が最善の解決策とはいえない．

混獲問題に混獲魚の放流で対応しようとの試みもある．カーペンタリア湾での実験では，甲板上に10分ないし15分放置した後に水に戻した場合，50％以上の生残率を示したのはガザミ類・テッポウエビ類などの甲殻類とガンゾウビラメ類の成魚のみで，イシモチ類・ホシギス類やガンゾウビラメ類の幼魚はほぼ全数死亡した[17]．放流魚の生残率は，漁場水深，曳網時間，１操業あたり漁獲量，漁獲から放流まで（主に仕分け作業）に要する時間，気温，甲板の状態（温度，水分）などに左右されるが[17]，熱帯エビトロール漁業では，水深を除く多くの要因が放流後の生残に不利に働き，混獲魚の放流と投棄の境界には疑問が残る．放流の推奨は混獲投棄問題を潜在化させる危険性すらある．

§3. 混獲防除装置の開発

エビトロール漁業における混獲防除の試みは，1960～70年代にヨーロッパ，北米の研究者によって開始された[2,4]．エビトロール網の混獲防除装置は今日TED (Trawl Efficiency Device) と呼ばれることが多いが，これはメキシコ湾におけるウミガメ排除装置 (Turtle Excluder Device) に起源がある[18]．

エビと主に魚類で構成される混獲動物に対する選択機能は，⑴網地・格子などによる機械的な選別，⑵エビと魚の行動の差を利用した選別に大別され，選別された混獲魚を開口部または大目網部から排除する．２つの機能による混獲魚の排除をそれぞれ積極的排除と受動的排除と呼ぶ[11]．混獲防除装置の多くは両機能を単独または併用し，これらの機能を効果的に働かせるために動物をTED内である方向に誘導する機能を付加して構成される．Highら[13]，Seidel[2]が使用した縦網パネルやKarlsen[19]による金属グリッドは前者の，Rulifson[20]による大目網地スカイライトは後者の機能を重視したものであろう．有名なNMFS型TED[18]はディフレクターと呼ばれる金属格子と横開口部により両機能を併用した例である．

初期の混獲防除装置の多くは，身網内に張られた大目網地で選別（積極的排除）した魚を同じ網地で誘導して開口部から逃がす方式であったが[13]，魚種サイズにバリエーションが大きい場合，目詰まりが起こりやすく成功しなかった[18]．大型のクルマエビ類と小型混獲魚類がほとんど同じサイズで混在する熱帯エビトロールでの，網目のサイズ選択に基づく混獲防除は困難である[4,11,18,21]．

Seidel は袖網の網目を通過する水流に対するエビ類と魚類の対水遊泳力の差を重視したが[2]，最近は両者の漁具に対する反応行動の差異が注目されている[22,23]．Watson[22] はトロール網内部での魚類の視運動反応とエビ類の反射行動の差異に着目し，網地の色・構造の不連続性（TED の場合には開口部や大目網部）が魚類の「逃避」につながる行動を引き起こす刺激になるとともに，TED 内の一部に形成される流速の低下を魚が感覚することが開口部への接近につながると説明した．筆者らは視運動反応により魚類が運動物体の前方に占位する行動を利用した誘導が TED 設計上の基礎になると考えている*．受動的排除は動物のサイズに差がない場合にも種選択的ではあるが，ヒイラギ類のように受動的排除だけでは排除がきわめて難しい種も存在するという困難も残る[11]．

§4. 混獲防除の達成度

エビトロール漁業における混獲防除達成度の報告例を表 4·2 に示す．1984年から85年に米国で開発された一連の TED はウミガメ混獲の97%を防除できると評価された[8]．米国では1989年より，25 m 以上の沖合い操業船では TED の使用が，25 m 未満の沖合い操業船と沿岸操業船は TED の使用もしくは90分

表 4·2 エビトロール混獲防除装置開発の達成度（括弧内は報告年）

ウミガメ関係	米国全水域	NMFS 型 TED 試験でウミガメ97%の排除（1987）[8]．
	米国	1989年5月より 25 m 以上の沖合い船に TED 義務づけ，25 m 以下の沖合い船と沿岸船は TED 使用または90分以上の曳網禁止（1991）[24]
魚類関係	インドネシア	NMFS 型 TED で混獲魚を43%削減，エビ28%減少（1984）[5]
	メキシコ湾	NMSF 型 TED でニベ中心の混獲魚50%削減，エビ減少ほとんどなし（1986）[18]
	米国大西洋岸	Morrison 型ソフト TED（網パネル装着）で混獲動物24%削減，エビ減少3%以下（1990）[24]
	米国南東海域	NMFS 型 TED で昼間，混獲魚を40%削減，エビ9%減少(1991)[25]
	パプア湾	側面開口 BED の受動的排除のみで魚類38%削減，エビ12%減少．積極的排除を含めると魚類80%削減，エビ減少34%（Matsuoka and Kan, The Third Asian Fisheries Forum で発表）
	豪州 NSW 州沿岸	Morrison 型ソフト TED で魚類32%削減，エビ1.2%減少(1993)[21]
	米国大西洋岸	Parrish 型ソフト BRD（大目スカイライト・デフレクター付き）で，エビ減少5%以内で混獲魚削減50%を時々達成（1992）[19]

* 松岡達郎：未発表

以短の曳網が義務付けられることになった[24]．ウミガメの混獲に関しては技術的にはほぼ克服されたと考えてよい．

魚類の混獲防除研究はウミガメの場合に比べて達成度が劣る．これまでの最良の実験結果で，エビの逸失をほとんど伴わずに約50%の混獲排除を達成した例があるが[18]，排除が比較的容易なニベ類[11]が混獲魚の主体を占める漁場での結果で，同じ装置でも他の漁場では同様の成績は記録できなかった[5]．世界各地の試験研究によれば，エビ漁獲の逸失を回避しようとすれば魚類の混獲排除は30%程度が限界であり，魚類の混獲排除を40%程度以上に高めようとするとエビの逸失が10%またはそれ以上に増加するのが平均的な現状である(表4･2)．混獲防除の目標として Rulifson[20] はエビ逸失５%以下で混獲魚排除を50%以上としているが，未だ安定してこれを達成できる技術は開発されていない．混獲防除が魚種ごとの感覚・行動に依存しているため，魚種構成ごとに異なった構造が必要とされる点が[11]，技術的な困難さの原因ではないかと考える．魚類の混獲が重量で低減できても，主に同一種内での大型個体の排除によるもので小型個体の混獲はあまり減少しないといった[11,19]，混獲防除の基本に反する問題も残る．

§5. 混獲防除に関する評価

エビトロール漁業における混獲防除に対して以下のような批判もある，(1)混獲は稚仔エビを捕食する生物の駆除でありエビ漁業の生産性に寄与する，(2)底性の混獲動物の海上投棄は栄養物質の垂直循環に貢献しており漁場の生産性を高める，(3)海洋生態系のためには漁獲対象以外の種も万遍なく採った方がよい．

Brewer[26] のカーペンタリア湾で得た混獲魚の胃内容物調査によれば，一般に大型魚は大型商業種エビと小型魚を，小型魚は小型非商業種エビを捕食する．捕食対象のエビ[26]と，パプア湾を例に混獲に現われる頻度[27,28]にしたがって混獲魚を分類した表 4･3 は，主要混獲魚の多くが主に小型非商業種エビを捕食する種であることを示している．小型魚を中心とした現在の混獲は，商業種エビではなく小型非商業種エビへの捕食圧を下げている（図 4･1)．

投棄魚が漁場の生産性の向上に寄与していることを積極的に支持する証拠はない．よく目撃されるように，表層に漂っている投棄魚の多くがサメ類・マグロ類などの大型魚類や海鳥に即座に捕食され，あまり長くは現場に留まっていない事実は，栄養物質の垂直循環に寄与しているという仮説を支持しない．投棄魚の海鳥による捕食は水圏外へのエネルギーの移出につながる（図 4·1）.

Poiner and Harris[29]は，カーペンタリア湾でエビトロール漁業成立直前と

表 4·3 商業種・非商業種エビの捕食，混獲頻度と村落生活での利用度に基づく魚類の類別

主に捕食するエビ	混獲に多く登場する魚種	混獲にあまり登場しない魚種
大型商業種エビ		*アジ，ハマギギ，スギ，シュモクザメ，メジロザメ
大型・小型種エビ両方	*ニベ，*ツバメコノシロ	*アジ，*イトヨリダイ，メジロザメ，アカエイ，エソ
小型非商業種エビ	*ニベ，*イサキ，アクタウオ	*アジ，*フエダイ，*イトヨリダイ，*ハタ，アカエイ，コチ，キントキダイ
エビ類を捕食せず	*ヒイラギ，*ヒメジ，*シマイサキ	

捕食エビによる分類は Brewer[26] による．種レベルの資料より科レベルにまとめたため表中に複数回登場するものもある．主要・非主要混獲種の分類は Kailola and Wilson[27], Matsuoka[28] による．＊印は村落生業漁労での主要対象種を示し，Matsuoka（未発表）による

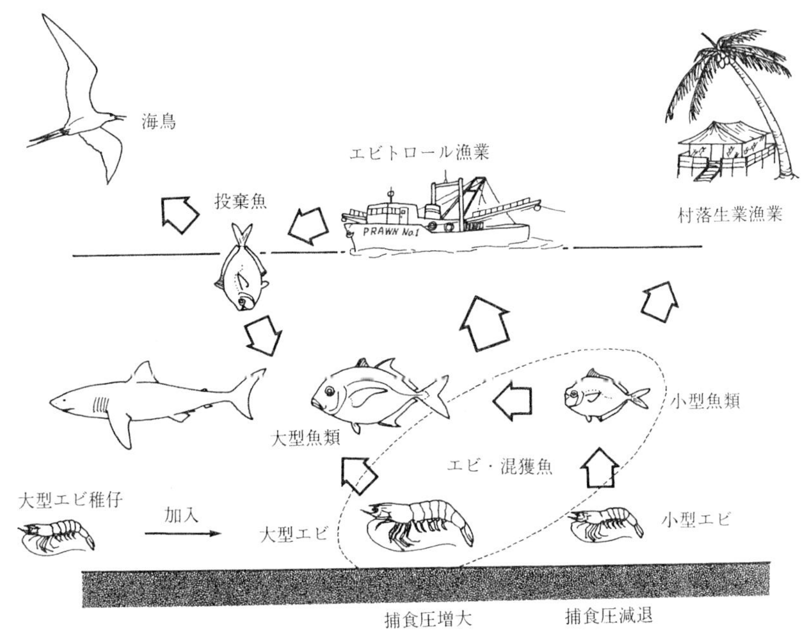

図 4·1 混獲・海上投棄を伴うエビトロール漁業におけるエネルギーフロー

それから20年を経た後の混獲魚類を比較し，ヒイラギ，ギマ，イトヨリダイなどの特定の種が目立って減少していたことを報告した．このような変化がエビの漁獲か魚類の混獲かどちらに起因するかは未だ確認できていないが，ヒイラギ類がエビを捕食しないことから，混獲そのものに起因する可能性が高い．生態系から万遍なく採捕する漁業の可否は別にしても，現在の混獲がそのようなものでないことだけは確かである．

§6. エビトロール漁場の利用・管理と課題

これまでの研究をまとめれば，熱帯エビトロールによる小型魚類を中心とした混獲は，大型商業種エビを捕食する魚種の淘汰には働いていない．一方，混獲魚の投棄は大型エビを捕食する大型魚類への給餌として働き，かえって商業種エビへの捕食圧を高めている可能性もある．エビトロール漁業と漁場周辺の生業漁労活動に関する科学的資料はないが，エビトロール漁場沿岸の伝統的村落漁労での漁獲効率が低下しているとの声は多く，小型魚類の混獲死亡がこの種の漁労活動の資源を悪化させている可能性は大きい（表4･3）．

現行の小型魚の混獲が削減できれば，小規模沿岸漁業や村落漁労のための資源を確保するばかりでなく，小型魚類による小型エビの捕食により，大型エビと小型エビとの競合を低下させられる可能性がある．小型魚の増加は大型魚類の増加とそれによる大型エビの捕食につながるかもしれないが，大型魚類を対象とした刺し網，釣りなどの商業的沿岸漁業の開発の促進で対応できる．両者を合わせると小型エビと大型魚の間引き効果により大型エビ類の利用可能資源量を増加させる可能性もあり，混獲防除がエビトロール以外の漁業の開発も含めた漁場の積極的な利用の促進のための手段となりえることを示唆している．

エビトロール漁業における混獲問題の解決には，効率的な混獲防除装置の開発とともに，混獲および混獲防除が漁場・資源におよぼす長期的な影響についても研究を行っていく必要がある．特に後者の研究はエビトロール漁業のように食物連鎖の上位に位置していない動物が主要漁獲対象である漁業では不可欠である．エビトロール漁場をもつ熱帯・亜熱帯沿岸国の多くはこのような研究能力を十分には有しておらず，エビトロール産業の歴史的背景と製品輸入の現状から，日本の漁業はこれらの研究活動を支援していく責任があるだろう．

文　献

1) FAO: FAO Yearbook of Fisheries Statistics, Vol. 70, FAO, 1990, 647 pp.
2) W. R. Seidel: Proc. Gulf Carib. Fish. Inst. 27th Annu. Sess., 1975, pp. 66–76.
3) R. Juhl and S. B. Drummond: *FAO Fish. Rep.*, **200**, 213–220 (1976).
4) J. W. Watson and C. McVea: *Mar. Fish. Rev.*, **39**, 18–24 (1977).
5) T. Sujastani: *FAO Fish. Rep.*, **318**, 91–95 (1984).
6) N. Naamin and P. Martosubroto: *ibid.*, **318**, 25–32 (1984).
7) G. C. Williams: Torres Strait Fisheries Seminar (ed. by A. K. Haines *et al.*), Australian Government Publishing Service, 1986, pp. 233–238.
8) F. H. Berry: *Mar. Fish. Rev.*, **49**, 50–51 (1987).
9) N. B. Thompson: *ibid.*, **50**, 16–23 (1988).
10) I. R. Poiner, R. C. Buckworth, and A. N. M. Harris: *Aust. J. Mar. Freshwater Res.*, **41**, 97–110 (1990).
11) T. Matsuoka and T. T. Kan, *Nippon Suisan Gakkaishi*, **57**, 1321–1329 (1991).
12) J. W. Slavin: Fish By-Catch...Bonus from the Sea, FAO, 1982, pp. 21–28.
13) W. L. High, I. E. Ellis, and L. D. Lusz: *Commer. Fish. Rev.*, **31**, 20–33 (1969).
14) FAO: Fish By-Catch...Bonus from the Sea, FAO, 1982, 163 pp.
15) W. H. L. Allsopp: Fish By-Catch...Bonus from the Sea, FAO, 1982, pp. 29–36.
16) N. L. Andrew, K. J. Graham, S. J. Kennelly, and M. K. Broadhurst: *Aust. J. Mar. Sci.*, **48**, 201–209, (1991).
17) T. J. Wassenberg and B. J. Hill: *Fish. Res.*, **7**, 99–110 (1989).
18) J. W. Watson, J. F. Mitchell, and A. K. Shah: *Mar. Fish. Rev.*, **48**, 1–9 (1986).
19) L. Karlsen and R. Larsen: Proc. of the World Symposium on Fishing Gear and Fishing Vessel Design (ed. by C. M. Campbell), Marine Institute, 1989, pp. 30–38.
20) R. A. Rulifson,, J. D. Murray, and J. J. Bahen: *Fisheries*, **17**, 9–20 (1992).
21) N. L. Andrew, S. J. Kennelly, and M. K. Broadhurst: *Fish. Res.*, **16**, 101–111 (1993).
22) J. W. Watson: Proc. World Symposium on Fishing Gear and Vessel Design (ed. by C. M. Campbell), Marine Institute, 1989, pp. 25–29.
23) C. S. Wardle: *ibid.*, Marine Institute, 1989, pp. 12–18.
24) J. Clark, W. Griffin, J. Clark, and J. Richardson: *Mar. Fish. Rev.*, **53**, 1–8 (1991).
25) D. Kendall: *Fish. Res.*, **9**, 13–21 (1990).
26) D. T. Brewer, S. J. M. Blaber, and J. P. Salini: *Mar. Biol.*, **109**, 231–240, (1991).
27) P. J. Kailola and M. A. Wilson: The Trawl Fishes of the Gulf of Papua, Papua New Guinea Department of Primary Industry, 1978, 85 pp.
28) T. Matsuoka, T. Kan, J. Kasu, and H. Nagaleta: The Second Phase of Survey of a Prawn Ground NW of Yule Island in the Gulf of Papua, University of Papua New Guinea, 1991, 18 pp.
29) I. R. Poiner and A. Hallis: The Torres Strait Fisheries Seminar (ed. by A. K. Haines *et al.*), Australian Government Publishing Service, 1986, pp. 239–261.

5. 公海流し網漁業

谷 津 明 彦*

大規模公海流し網漁業は，主に混獲に対する国際的非難に起因した国連総会決議（44/225，46/215）にしたがって，1992年末をもって停止（モラトリアム）とされた[1]．流し網は表層に設置される受動的漁具であり，多様な生物が混獲される．しかしそのレベルは他の漁業に比べ特に高いとはいえず，各種の混獲緩和方策が十分に検討される以前に，漁業では異例の国連決議に付された[2]．本章では，公海流し網の混獲レベル，混獲の影響評価，混獲緩和方法に関する知見をまとめ，許容される混獲レベルや流し網モラトリアムの妥当性について検討する．

§1. 大規模公海流し網の概要と混獲の実態

1·1 大規模公海流し網漁業

大規模流し網の定義は長さ2.5 km以上とする例もあるが，奇妙なことに上記の国連決議はこの定義がないままになされた[2]．通例では大規模公海流し網に相当する漁業は，(1)日本の母船式（非伝統的基地式）さけます，(2)日本の基地式さけます，(3)日本のいか流し網，(4)韓国のいか流し網，(5)台湾のいか流し網，(6)日本のまぐろ（大目）流し網，(7)台湾のまぐろ（大目）流し網の7つを指す[3]．ただし，台湾の流し網漁船は大目といか流し網を同時に保有するため，実質的には一つの漁業とみなされる[4]．これらの漁場は1980年代に南半球にもみられたが，大部分はベーリング海を含む北太平洋にあった．表5·1には北太平洋における大規模流し網漁業の概要と主な混獲生物（数量および生物的・社会的影響が大きいもの）を掲げた．

なお世界的に見れば沿岸域には小規模な流し網は極めて多くあり，沿岸域の生物の多様性を考慮すると，それらの漁業が生物に与える影響は大規模公海流し網より深刻かも知れないという指摘もある[5]．

＊ 遠洋水産研究所

表 5·1 北太平洋における公海流し網漁業の概要

国／漁業	隻数*	漁 期	1操業の使用網長（km）	主要な混獲生物
日本 母船式さけます	32	6～7月	15	イシイルカ，ハシボソミズナギドリ，エトピリカ
日本 基地式さけます	108	6～7月	15	同 上
日本 いか	457	6～12月	40～50	セミイルカ，カマイルカ，オットセイ，ハイイロミズナギドリ，オサガメ，シマガツオ，ヨシキリザメ
韓国 いか	142	4～1月	40～50	セミイルカ，カマルイカ，ハイイロミズナギドリ，ヨシキリザメ
台湾 いか++	138	4～11月	40～50	同 上
日本 大目（大型船）**	325	周年+	40～50	スジイルカ，マイルカ，アカウミガメ，アオウミガメ，ヨシキリザメ
（小型船）	134	周年+	数10	同 上
台湾 大目	138	4～11月	40～50	セミイルカ，マイルカ，オサガメ，アカウミガメ，ヨシキリザメ

*：隻数は1990年の値．ただし日本の大目流し網は1988年の値．
**：大型船（50総トン以上）は主に公海域で操業する．
+：専業船は約1割．
++：1隻の漁船がアカイカ用の小目合の流し網とビンナガ用の大目流し網を同時に保持する．

1·2 混獲の実態

この節では最も詳細に調査が行われた日本のいか流し網漁業を中心に論ずる．1989～91年に日米加のオブザーバーがいか流し網漁船に乗り込み全漁獲量努力量（反数）の4％～10％について混獲データを収集した[1,6]．推定された混獲数は1990年の場合，アカイカの総漁獲量1億1千万尾（19万トン）に対し，魚類3千7百万尾，海産哺乳類2万3千頭，海鳥類29万羽，海亀類447頭であった（表5·2）[6]．これらの数値は水中での脱落を含まないため，下限の推定値と考えられる．ただし魚類，海鳥類，鯨類のほとんどは死亡ないし瀕死の状態であったが，オットセイの約半数と海亀類の約7割は生存していた[6]．これらが非羅網個体と同様にその後も生存するかは不明である．

混獲生物のうち水揚げされるものはビンナガなどに過ぎず，大部分が海上投棄されること[7]も流し網への批判の一つであった[2]．しかし上記のように日本のいか流し網漁業の対象種に対する混獲率は約40％であり，他の漁業における投棄率に比べ決して高いレベルではない[2]．

表 5·2　1990年の日本のいか流し網漁業の推定混獲量とアカイカ（対象種）当りの混獲割合

種類	推定混獲量		アカイカ漁獲100万尾当り数
	数	重量（t）	
アカイカ	114,884,400	187,660	
その他頭足類	26,072	13	227
シマガツオ	31,063,890	24,851	270,393
ビンナガ	863,406	4,576	7,515
カツオ	1,438,419	4,028	12,521
クサカリツボダイ	3,148,859	945	27,409
その他魚類	1,166,058	8,400	10,150
オットセイ（生存含む）	5,355		47
イシイルカ	3,444		30
セミイルカ	8,589		75
カマイルカ	3,958		34
その他哺乳類	1,646		14
海亀類（生存含む）	447		4
ハイイロまたはハシボソミズナギドリ	269,786		2,348
コアホウドリ	7,917		69
その他海鳥類	17,243		150

§2.　混獲の影響評価

国連決議に先立ち，実質的に日本のいか流し網漁業のみに関するただ1回の影響評価が1991年6月にカナダで行われた[1,7]．その結果かなりの知見が得られたが，混獲生物の資源量や系群，再生産率など生物学的知見の不足により，評価には不確実性が残り参加者の合意は得られなかった[1]．特に影響が注目された種はセミイルカとオサガメであった．前者は過去10年間の流し網による混獲で資源量は減少しており，混獲レベルを低下させない限り資源量は引き続き減少するとされた．後者は混獲される系群が不明なため結論は得られなかったが，メキシコ系群ならば影響は軽微だが，マレーシア系群ならば重大である．

§3. 混獲緩和の方策

3·1 亜表層流し網

イシイルカやミズナギドリ類・アホウドリ類は流し網（網丈約 10 m）の上部に，アカイカは流し網の全水深に羅網するため，流し網を数m沈下させることにより混獲緩和を目的とした比較操業試験が多く行われた[8]．1991年には6隻の漁船により合計 280 回の実験を行い，シマガツオや海鳥類の混獲は統計的に有意に低下すること，アカイカの漁獲も有意に減少すること，海産哺乳類では有意差は認められないことが明らかとなった[8]．しかし，オーストラリア近海でのサメ刺し網で 4.5 m 沈下させた場合，イルカ類の混獲が有意に低下した[9]．

3·2 操業時刻

いか流し網漁業の操業は，約 100 反を連結したもの（張り）を普通 8 ～ 9 単位，合計約1000反（長さ約 50 km）を使用する．張り同士は通常は連結されない．投網は夕刻から，揚網は夜明けの数時間前から行われるため，1張りの浸漬時間は約 5 ～20時間と大きく変動し，最初の 3 張り程度は夜間に，残りは日出後に揚網される[10]．上記のオブザーバーデータは張り毎に漁獲を記録したため，浸漬時間と時刻の CPUE へ与える影響が推察可能である．

アカイカでは，夜間においては時間とともに CPUE は増加したが，日中は時間とともにやや減少した[10]．これはアカイカに超音波発信器を取り付けて行動を観察した結果，遊泳層は夜間は表層（40 m 以浅），昼間は中層（水深 150 m 以深）であること[11]からも支持される．一方，昼間にはアカイカは流し網の設置水深から去り，波浪などによる脱落や海鳥類やオットセイによる捕食により時間とともに CPUE が減少すると考えられる[10]．

流し網で混獲される海鳥類は薄明時に水面直下で索餌するものが多い．このことは，張り番号と CPUE の関係からも裏付けられた[10]．すなわち，浸漬時間の大部分が夜間に限られる張りでは混獲がほとんど見られないが，日出以降にも浸漬された張りでは海鳥類の CPUE は高かった．したがって流し網を夜間だけに設置すれば，アカイカの CPUE を維持しつつ海鳥の混獲低減が可能である．またサメ類やイルカ類の CPUE は浸漬時間と正の相関があるため[10]，アカイカの漁獲が望めない浸漬時刻（昼間）を避ければ，これらの混獲を緩和できるはずである.

3·3　網目選択性

流し網の CPUE は国により漁業によりかなり異なった（表5·3）．これらの

表 5·3　日本・韓国・台湾の北太平洋における公海流し網漁業の漁獲・混獲状況の比較
上段：1990年オブザーバーデータ，下段：漁獲統計.

国／漁業	日本　大目	台湾　大目*	日本　いか	韓国　いか	台湾　いか*
データ区分	全データ	米国オブザーバー	全データ	米国オブザーバー	米国オブザーバー
期　間（月）	9—5	5—9	6—12	6—12	7—11
観察反数（50 m）	513,367	75,771	2,281,896	328,468	91,423
アカイカ観察反数	419,156	66,649	1,588,928	238,279	71,625
シマガツオ観察反数	503,347	75,642	2,238,618	325,438	91,423
観察操業回数	829	138	2,879	440	193
CPUE（流し網1000反当たりの数）					
アカイカ	211.36	5.57	4,996.61	9,781.66	15,200.43
ビンナガ	76.80	718.07	39.45	4.07	17.77
カツオ	492.67	92.44	71.27	62.91	397.47
シマガツオ	551.23	517.74	1,440.20	113.62	516.81
ヨシキリザメ	14.98	71.91	35.92	46.42	69.98
海鳥類	0.76	0.67	13.27	2.17	1.52
鰭脚類（主にオットセイ）	0.00	0.13	0.25	0.00	0.00
鯨　類（主にイルカ類）	2.58	1.65	1.53	0.27	0.12
海亀類	0.56	0.45	0.02	0.01	0.01
日本のいか流し網の CPUE に対する比					
アカイカ	0.04	0.00	1	1.96	3.04
ビンナガ	1.95	18.20	1	0.10	0.45
カツオ	6.91	1.30	1	0.88	5.58
シマガツオ	0.38	0.36	1	0.08	0.36
ヨシキリザメ	0.42	2.00	1	1.29	1.95
海鳥類	0.06	0.05	1	0.16	0.11
鰭脚類（主にオットセイ）	0.00	0.53	1	0.01	0.00
鯨類（主にイルカ類）	1.68	1.08	1	0.17	0.08
海亀類	36.70	29.26	1	0.60	0.71
	ビンナガ＋カツオ漁獲1000尾当たり混獲数		アカイカ漁獲1000尾当たり混獲数		
アカイカ	371.15	6.87	1,000.00	1,000.00	1,000.00
ビンナガ	134.86	885.95	7.89	0.42	1.17
カツオ	865.14	114.05	14.26	6.43	26.15
シマガツオ	967.98	638.79	288.24	11.62	34.00
ヨシキリザメ	26.31	88.73	7.19	4.75	4.60
海鳥類	1.33	0.83	2.66	0.22	0.10
鰭脚類（主にオットセイ）	0.00	0.16	0.05	0.00	0.00
鯨　類（主にイルカ類）	4.53	2.04	0.31	0.03	0.01
海亀類	0.99	0.55	0.00	0.00	0.00

*：台湾の漁船はアカイカ用の小型目合とビンナガ用の大型目合を同時に保持する.

漁業は操業時期・海域や使用目合が大きく異なる．ここでは海産哺乳類に対する網目の影響，次項では操業時期と海域について検討する．

調査船による複数目合の流し網を同時に用いた操業におけるオットセイとイルカ類のCPUEは目合と正の相関が見られた（図5·1，5·2）[12]．漁獲対象種に

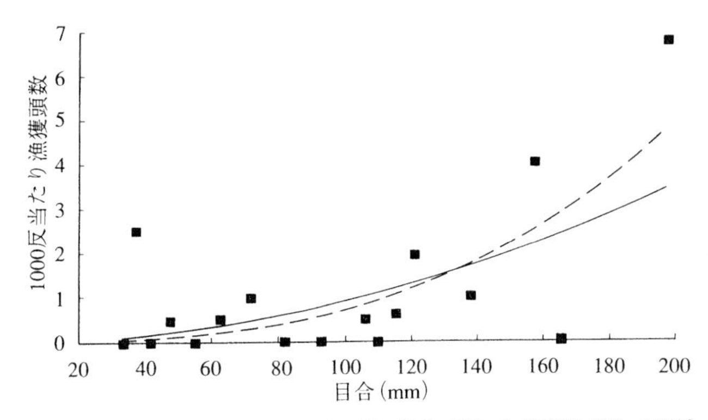

図 5·1 オットセイにおける流し網の目合（M）とCPUE（Y）の関係
実線：$Y=8.81\times10^{-5}M^2$ 破線：$Y=1.44\times10^{-6}M^{2.84}$

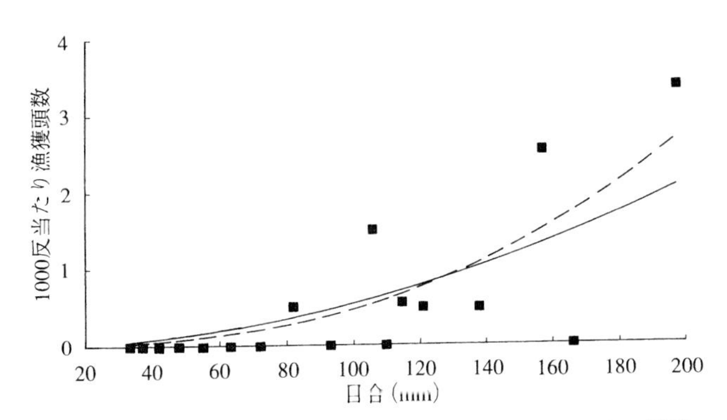

図 5·2 イルカ類における流し網の目合（M）とCPUE（Y）の関係
実線：$Y=5.29\times10^{-5}M^2$ 破線：$Y=2.60\times10^{-6}M^{2.62}$

対する流し網の網目選択曲線は最適目合から離れるにしたがって漁獲効率は低下するのが一般的である．図5·1，5·2では右上がりの曲線であるが，これは海産哺乳類の胴周が網目よりはるかに大型であるためと考えられる．また主な羅網部位はイルカ類の鰭やオットセイの頭部であり，これらのサイズや形態から見て使用した目合の範囲では大きい網目ほど羅網しやすいためと思われ

る[12)].

漁業での混獲をみると，イルカ類の CPUE は日本のいか流し網漁業（目合は主に 115 mm）に比べ，やや小型の目合（86～105 mm）で漁場が全体的に南西よりにある韓国と台湾のいか流し網漁業では日本の CPUE の約 1/5～1/14 と低かった（表 5･3）．日本のいか流し網漁業と大目流し網は漁期や漁場が全く異なるため，目合の差と混獲 CPUE は直接には比較できない．

3･4 漁場の時空間的規制

ここでは日本と韓国のいか流し網について月別に比較する（表 5･4，図 5･3）．6 月の漁場はともに170°E 以東にあり，日本が韓国よりやや北側を占める[2,13,14)]．目合は日本は 115 mm，韓国は 105 mm

表 5･4 いか流し網漁業における海鳥類と海産哺乳類の CPUE（数／1000反）

月	海鳥類			海産哺乳類		
	日本	韓国	台湾	日本	韓国	台湾
6	4.5	1.1		0.5	0.5	
7	9.6	2.1	4.3	0.9	0.2	0.0
8	24.3	0.9	0.5	1.6	0.1	0.1
9	18.5	2.4	1.1	1.6	0.3	0.2
10	5.9	5.1	1.0	0.8	0.6	0.0
11	14.8	5.2		0.4	0.0	

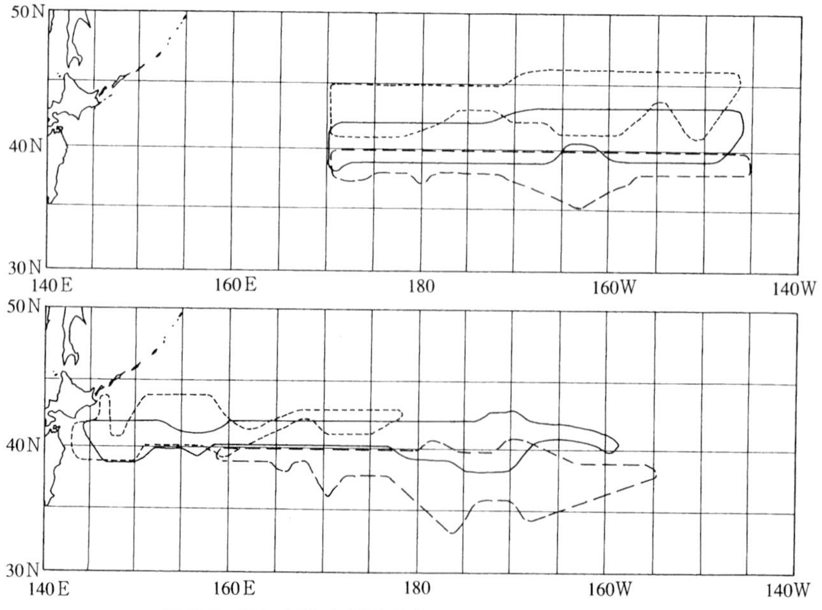

図 5･3 日本（上）と韓国（下）のいか流し網漁場の月変化
破線：6 月，実線：7 月，点線：8 月

とあまり差がなく，これはこの時期には流し網の対象となる大型アカイカが170°E 以東に多いためである[15]．アカイカと海産哺乳類の CPUE は日本と韓国で同様であるが，シマガツオと海鳥類の CPUE は韓国が低い[2]．7月以降は日本の漁場は規制により引き続き 170°E 以東にあり，大型アカイカを対象に 115 mm 目合を使用するが[6]，韓国は日本近海に漁場を移すと同時に目合を 86 mm へと小型化する[14]．韓国の漁場は，日本の既存のアカイカ釣り漁場と重なることからみても明らかなように小型のアカイカが対象となる．したがってアカイカの尾数 CPUE は韓国漁業で7月以降急激に増大する（重量ベースの CPUE は不明であるが増大するにしても顕著とは思われない）．混獲生物の CPUE は日本の漁業では7～9月に特に高いのに対し，同時期の韓国漁業はかなり低いレベルにある[2]．

いか流し網漁業に混獲される大型の外洋表層性生物は，一般に春季には亜熱帯域に分布するが，夏季から秋季には餌生物の豊富な亜寒帯や移行領域に北上回遊を行う[16]．115 mm 目合で漁獲される大型アカイカはこれら大型生物と同様な海域に分布するのに対し，小型アカイカの分布はより低緯度にあり大型生物とはあまり重複しない．

以上のような背景から，漁獲対象種と混獲種の回遊に応じて混獲緩和が可能である．特に地理的に分離した系群に悪影響がある場合は効果的であろう．

3·5 漁獲努力量の削減

混獲数量を低減させるための最も単純な方法である．許容される混獲レベルの確立が前提となるが，これについては後で論議する．

§4. モラトリアムの問題点との今後の課題

4·1 大規模公海流し網漁業のモラトリアムの妥当性

いか流し網漁業の混獲率（対象種に対する混獲の割合）は，トロール漁業などよりかなり低い[2]．また漁場や漁具・漁法の改善により混獲率をかなり低下させることが可能である[2,13]．混獲率とは別に，ある特定の種または系群に生物学的に悪影響がある場合は，混獲数を許容される範囲に納めることも考慮すべきであろう．

海産哺乳類に対する欧米の一種の信仰的な保護の考え方もあろうが，国連決議は混獲の資源に対する科学的な影響評価を求めている．しかし上記のように混獲生物の知見は普通は限られている．さらにそのような科学的知見の有無に関らず，容認される混獲率や数量についての国際的合意はない．この点について Burke ら[2]は下記のように論じている．

第一に CITES（ワシントン条約）は定義上適用できない．第二に海洋法条約の第117条と第119条は，公海上の生物資源に関して，漁業国は科学的根拠にもとづき漁獲対象種の資源を MSY レベルに維持すべきとしているが，漁獲対象種に関連した生物については，再生産が脅かされないようなレベルに維持することを考慮すべきとしているに過ぎない．しかもこの条約は漁業国が当該漁業が混獲生物に与える影響を明らかにできなくとも漁業を停止すべきとは述べていない．また社会的に容認されている「無駄」のレベルとして農産物の収穫時における２～８％を参考値として掲げている．結論としては，日本のいか流し網漁業は即時停止ではなく若干の規制強化で充分であったとしている．

流し網の国連決議について，Burke ら[2]は実質的な内容とともに，その意志決定プロセスに大きな疑問を投げかけている．漁業の国際的管理機関の欠如，情報の欠如あるいは意図的（政治的）な無視がこの決議の背景にあったとしている．また米国の国内法である海産哺乳動物保護法の精神を公海域にまで拡大させたと思われる公海流し網規制法において，ペリー修正法（流し網漁業国からの水産物輸入の制限）とリンクさせたことも重視すべきであろう[1]．

4·2　流し網モラトリアムその後

７つの流し網漁業その後について簡単にまとめる．公海におけるさけます流し網漁業は1992年から禁止されたが，この原因は混獲問題よりもサケ類の母川国と沖獲り漁業国の対立の帰結とみるべきであろう．大目流し網漁業は公海においては行われておらず，いか流し網漁業は公海域・経済水域ともに行われていない．いか流し網漁業の対象種であるアカイカは大型で肉質が柔らかいため，独自の需要を有していた．したがって流し網モラトリアムは生産者のみならず加工業界にも大きな影響を及ぼした．そのため，アカイカの代替漁法の開発が模索されるとともに，代替資源であるアメリカオオアカイカ（ペルーイカ）釣り漁業が台頭した．後者の年間漁獲量は1994年には約15万トンとなり，往時のアカイカのそれの 3/4 近くを占め，加工用の原料は一応確保されたと見られる．日本近海の小型アカイカ釣り漁業は，韓国と台湾の流し網との競合から開放されたこともあり，1994年には日本により約7万トンの漁獲があったのに加え，韓国他の釣り漁船の参入もみている．中部北太平洋の日本の旧いか流し網漁場においては，大型アカイカ釣りの調査が継続的に行われている[17]．

国連決議の過程と内容に極めて大きな問題を含んだまま，大規模公海流し網は1993年から停止された．この例が他の漁業に波及しないよう十分に留意する必要がある．

文　献

1) 伊藤　準：地球にやさしい海の利用（降島史夫・松田　皎編），恒星社厚生閣，1993, pp. 28–39.

2) W. T. Burke, M. Freeberg and E. L. Miles : *Ocean Devel. Int. Law*, **25**, 127–186 (1994). 邦訳は海外漁業協力，**49**, 1–74にある．

3) L. L. Jones, M. Dahlberg and S. Fitzgerald : *Int. Whale Commn.*, **SC/090/G43**, 1–17 (1990).

4) S.–Y. Yeh and I.–H. Tung : *Bull. Int. North Pacific Fish. Commn.*, **53**, 71–76 (1993).

5) S. P. Northridge : *FAO Fish. Tech. Pap.*, **320**, 1–115 (1991).

6) A. Yatsu, K. Hiramatsu and S. Hayase : *Bull. Int. North Pacific Fish. Commn.*, **53**, 5–24 (1993).

7) Anon : Scientific review of North Pacific high seas driftnet fisheries, Sidney B. C., June 11–14, 1991 Inst. Ocean Sci., 1991, 86 pp.

8) S. Hayase and A. Yatsu : *Bull. Int. North Pacific Fish. Commn.*, **53**, 557–576 (1993).

9) D. Hembree and M. B. Harwood : *Rep. Int. Whal. Commn.*, **37**, 369–373 (1987).

10) A. Yatsu, M. Dahlberg and S. McKinnell : *Fish. Res.*, **23**, 23–35 (1995).

11) 中村好和：イカ類資源・漁海況検討会議研究報告（平成4年度），109–117 (1994).

12) 谷津明彦・平松一彦・島田裕之・村田　守：日水誌，**60**, 35–38 (1994).

13) A. Yatsu, K. Hiramatsu and S. Hayase : *Rep. Int. Whal. Commn. Spec. Issue*, **15**, 365–379 (1994).

14) Y. Gong, Y.–S. Kim and S.–J. Hwang : *Bull. Int. North Pacific Fish. Commn.*, **53**, 45–69 (1993).

15) 谷津明彦：遠洋水研報，**29**, 13–37(1992).

16) 三島清吉：北大水産北洋研業績集（特別号），61–71 (1981).

6. 沿岸刺網漁業

鳥 澤 雅*1

沿岸刺網漁業の生産量は，沿岸漁業全体の中でどの程度の比重を占めているのであろうか．1992年の北海道水産現勢[1]に基づけば，北海道における沿岸刺網漁業*2による漁獲量20.5万トンは，北海道の沿岸漁業*3の漁獲量102.1万トンの20.1%を占めている．また沿岸刺網漁業の水揚げ金額491億円は，沿岸漁業全体2,790億円の17.6%を占めている．このように北海道を例にすると，沿岸刺網漁業は漁獲量，水揚げ金額ともに沿岸漁業全体の約2割を占める重要な漁業種類であることが分かる．

§1. 沿岸刺網漁業における混獲の実態

北海道水産現勢[1]に基づき，1992年の浮き流し網類を含む刺網漁業のうち，漁獲量の多い上位7位までの刺網漁業について，漁業種類ごとに，漁業名に冠された主漁獲対象生物種類数と，その他に水揚げされた混獲種類数，およびそれぞれの漁獲量構成比を調べてみた（図6·1）．図では左から順に，概ね表層流し網→底刺網（沖合側）→底刺網（沿岸側）となるように漁業種類を配した．その結果，表層流し網より底刺網で，底刺網の中では沖合側より沿岸側で，混獲種類数，混獲漁獲量いずれも多くなる傾向がみられた．このことは，同じ刺網漁法の中でも，沿岸寄りで営まれる底刺網漁業において，混獲の比重が高いことを示している．ただしここでみた水揚げ物は，漁獲規制や漁獲物の経済的価値によって，水揚げ以前に人為的な選別を受けているので，漁場での漁獲物組成を正しく反映してはいない．漁場での混獲の実態を正しく把握するためには，個別の調査が必要である．

---

*1 北海道立網走水産試験場

*2 知事許可漁業と共同漁業権漁業の各底刺網漁業とした．

*3 便宜的に，大臣許可漁業と区画漁業権漁業を除く海面漁業とした．

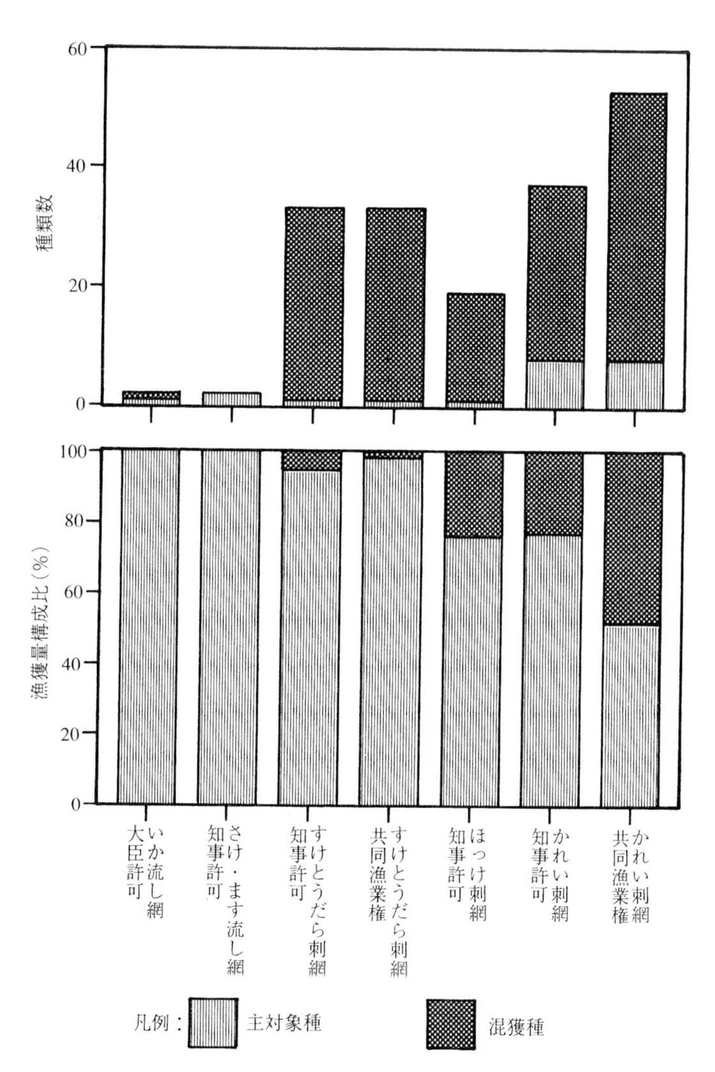

図 6·1　平成 4 年北海道水産現勢の水揚げ統計にみる，刺網主要 7 業種の主対象種と混獲種の種類数（上段）および漁獲量構成比（下段）

§2.　混獲が抱える問題点

2·1　混獲の定義

混獲の定義は「漁業の対象となる魚種に混じって他の魚などが一緒に漁獲さ

れること……」[2] と，必ずしも明確ではない．例えば図 6·1 のかれい刺網の場合，漁業名に冠したカレイ類以外の漁獲物は本来すべて混獲ということになるが，実際にはそれらも潜在的に漁獲対象にしているのであれば，上記の定義からは混獲とはいえなくなる．漁業管理の現場では，ある種が本来その漁業で漁獲されるべきでない混獲であるのか否かが，しばしば問題になることがある．こうした混乱が生ずる最大の理由は，本来はさまざまなカテゴリーに分類されるべき混獲ということばを，普段それらをひとくくりにして用いているためであると考えられる．これまでも混獲の中身を整理する試みがなされている[3~5]．そこに分類されたカテゴリーごとに，それらが抱える問題点やそれらに対する具体的対応は異なるであろう．このことからも，混獲問題の複雑さがうかがえる．

2·2　沿岸刺網漁業の混獲が抱える問題点

1）　他種漁業が漁獲する魚種の混獲　　他種漁業が主漁獲対象にする魚種を沿岸刺網漁業が混獲する場合，資源管理方策は複雑化し，業種間での摩擦も生じる．例えば北海道では，かにかご漁業でほぼ独占的に漁獲され，かつ管理されているケガニにおいて，沿岸刺網漁業や沖合底びき網漁業による混獲が常に問題となる[6]．

2）　混獲生物の損傷　　刺網漁法は水生生物を網目に刺す（刺し羅網），または網地に絡めて（纏絡）漁獲する漁法である．したがって漁獲物の受けるダメージは大きく，揚網時点で既に死亡しているものも多い．さらに揚網後，網外し作業という特有の作業工程を必要とするため，網外し作業を経るまでの間，漁獲物は大気に曝され続ける．揚網時には生存していた漁獲物も，大気に曝される時間が長くなればなるほど，さらに深刻なダメージを受けることになる[7~9]．また網外し方法が適切でない場合にも，漁獲物は大きなダメージを被る[10]．したがって刺網による漁獲物は，仮にそれらが放流されたとしても，生残率が低いであろうことは容易に想像される．

3）　混獲生物の投棄　　水揚げできない混獲生物は多くの場合，その生死にかかわらず投棄される．海中に投棄されたとしても，生残率は低いと考えられることから，これらの投棄は生態系に影響を与え，有用種の未成魚などの場合には，当該種の不合理漁獲となる[5]．さらには環境汚染という問題にも発展する．混獲生物の投棄問題は，沿岸刺網漁業に限らず，すべての漁業に共通する問題といえる．

4) 網外し作業量の増大　刺網漁法には網外し作業が不可欠である．網外し作業にはある程度の熟練を要し，汚いというイメージもつきまとう．水揚げ対象以外の混獲が増えれば増えるほど，網外し作業量は増大し，労働負担や賃金が増大する．

5) 漁具損傷の増大　刺網の網地は，漁獲効率を増すため一般に細い糸を用いており，損傷しやすい．混獲の増大は網地の損傷をも増大させ，結果として網修理にかかる労働時間と経費の増大を招く．

6) 沿岸域で多くの漁業者が従事　刺網漁法は漁具構造が単純である割に漁獲効率がよいことから，沿岸域で多くの漁業者が利用している．一方で，沿岸域は生物相も多様で，幼稚仔，未成魚の分布も多い．したがって沿岸刺網漁業では，前述したように混獲が多くなり，上記 1)～5) の影響もより深刻なものとなる．

§3. 混獲低減のための対策

3·1 他漁法への転換

刺網の漁獲機構に由来する問題を回避する方法として，まず漁法の転換が考えられる．例えばかご漁法では，混獲生物が受けるダメージは刺網漁法に比べて小さく，放流後の生残率も高いと期待される．またかご漁法では，目合を調節したり[11]，脱出口を設ける[12]ことによって，漁獲サイズを選択することができる．北海道のけがに漁業では，漁獲を禁止している雌や小型の雄を生かしたまま放流することが困難なけがに刺網漁業や，ケガニの混獲が避けられないかれい刺網漁業の一部を，かご漁法に転換させてきた．

3·2 漁具構造の改良

漁法の転換が困難である場合，刺網の漁具構造そのものの改良が考えられる．小林ら[13]は，福岡県豊前海で行われているクルマエビを対象としたえび刺網において，スパンナイロン糸を用いて，通常の刺網の網地と沈子綱の間にすき間を設けることによって，小型のガザミなどの混獲を，大幅に減少させることができると報告している．

3·3　適正目合の選択

漁具構造そのものの改良が困難な場合でも，適正目合を選択することによって，混獲を低減できる場合がある．筆者らは北海道石狩湾のしゃこ刺網漁業において，目合拡大による混獲の低減効果を調べた．その結果は後述する．

3·4　漁場・漁期の選択

漁法の転換や漁具の改良が困難な場合でも，主漁獲対象種と混獲種の時空間的分布の差を利用することによって，混獲を低減することが可能である．実際の刺網漁業でも，混獲を避けるために漁場を移動したり操業を中断することがよくある．

§4.　北海道石狩湾のしゃこ刺網漁業における事例

4·1　しゃこ刺網漁業が抱える問題点

北海道の石狩湾では，刺網を用いてシャコ *Oratosquilla oratoria* を漁獲している．石狩湾におけるしゃこ漁業は，水深 15〜25 m の砂泥底海域で行われており[14]，シャコと同所的に生息するその他生物の混獲も多い．混獲生物の中には，マガレイ *Pleuronectes herzensteini,* スナガレイ *P. punctatissimus,* ソウハチ *Hippoglossoides pinetorum* などの有用カレイ類も多く含まれる．しかしそのほとんどは体長 15 cm ほどの小型魚であるため，市場価値はなく，その多くが投棄されている．

シャコは海底に巣穴を掘り[15]，普段はその巣穴の中で生活しているため，海が平穏なときは漁獲は少ないが，荒天時には好漁が期待される[16]．そのため漁業者は荒天時にかけて集中的に投網するため，網外し作業もしけ後に集中し，混獲が多いと徹夜作業となることもあるなど，網外し作業が漁業者に与える負担は大きい．

4·2　漁法転換についての検討

このような問題を解決するため，まず漁法の転換について検討した．シャコは日本各地で，主に小型底曳網によって漁獲されている．底曳網漁法では，漁獲後直ちに選別作業に入れるため，網外し作業上の問題点は解消される．しかし北海道では資源保護の観点から，沿岸域での底曳網漁法を一部の例外を除き認めていない．当該海域で底びき網漁法を導入した場合，前述の有用カレイ類小型魚に加え，しゃこ刺網では漁獲されない小型のシャコなどの新たな混獲が生じることが懸念される．そこで次にかご漁法への転換を検討した．しかし実際に博多湾でシャコを漁獲するのに用いているものを含め，5～6種類のかごを用いて調査を行ったが，満足のいく結果を得ることができなかった．そこで最後に，現行刺網の目合の拡大を検討した．

4·3 目合拡大による混獲の低減

実際の漁業では 69 mm または 75 mm 目合の刺網を用いている．そこで，これに 84 mm，91 mm，100 mm の目合の刺網を加えた5種類の目合の刺網を作成し，漁獲調査を行った．ただし掛け目は目合拡大に応じて減じ（表6·1），目合以外の仕様はいずれの網地も同一にした．

表 6·1 しゃこ刺網目合別漁獲調査に用いた網地仕様

目合		掛目	網地長	網糸	
(寸)	(mm)		(間切)	素材	太さ
2.3	69	43	100	ナイロン	210デニール2本子
2.5	76	40	100	ナイロン	210デニール2本子
2.8	85	36	100	ナイロン	210デニール2本子
3.0	91	33	100	ナイロン	210デニール2本子
3.3	100	30	100	ナイロン	210デニール2本子

調査は1990年5月～10月に6回，毎回各目合2反ずつを用いて一般の漁場となっている海域で漁獲調査を行った．季節により漁獲される生物の種組成比は変化したので，毎回種ごとに目合 69 mm の反当たり漁獲個体数を 100 として，各目合ごとの反当たり漁獲個体数の相対比（反当たり漁獲個体数比）を求め，シャコおよび有用カレイ類3種について，6回の調査結果の平均値を求めた．漁獲物に対しては体長，甲長などの測定を行った．これらの結果に対して，危険率を5％に設定して，Mann-Whitney のU検定を行った．

その結果シャコおよびカレイ類いずれも，目合の拡大に伴い反当たり漁獲個体数比は減少するが，目合拡大の影響はシャコに比べカレイ類で顕著であった（図6·2)．なお漁獲されたシャコの甲長には，各目合間で有意差は認められなかった．この結果は，刺網の目合が小さいほど反当たり羅網個体数は多くなるものの，漁獲物組成には有意差が見られない，というタラバガニ[16]の結果に似ている．刺網では，刺し羅網の比率が高いと考えられる魚類とは異なり，シャコの場合もタラバガニのように纏絡による漁獲が多いと考えられ，カレイ類とシャコの漁獲機構の差が，これらの結果を生じさせたものと考えられる．

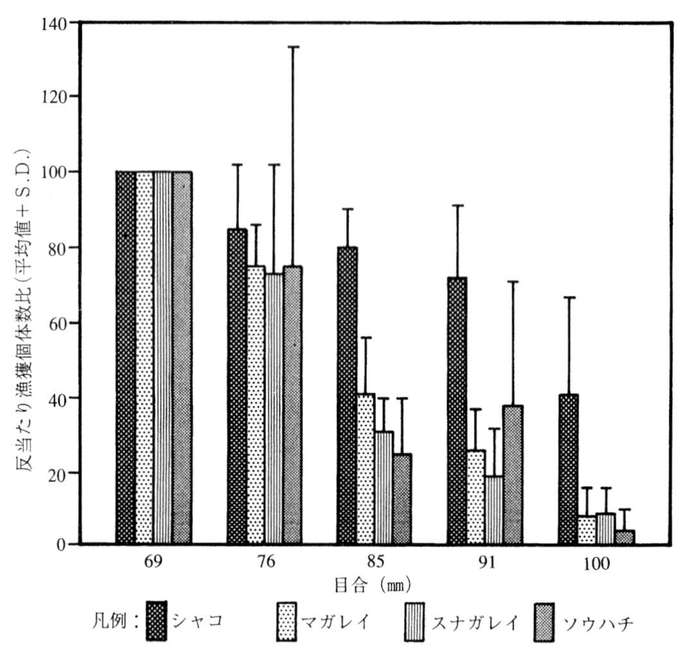

図 6･2　目合 69 mm の刺網を用いたときのシャコおよび有用カレイ類 3 種の各漁獲個体数を 100 としたときの各目合での反当たり漁獲個体数比．

4･4　目合拡大に残された課題

このように，目合を拡大すればシャコ以外の混獲を減らすことができるが，シャコ自体の漁獲も減少してしまう．しかし使用反数を増やせばシャコの漁獲減を補うことができる．目合拡大に伴う反当たり漁獲個体数の減少はシャコに比べカレイ類で顕著であるため，使用反数を増やしても，カレイ類の混獲を減少させることができる（図 6･3）．しかしこの場合，今度は網数を増やすことによる作業や経費が増加する．その一方で，有用カレイ類小型魚の不合理漁獲が減ることによるカレイ類の将来的漁獲増も考慮する必要がある．また漁場における種組成，体長組成などはそのときどきによって異なるため，使用目合だけから，漁獲物組成を正確に予測することは困難である．さらに網数を増やさず，目合だけを拡大した場合には，混獲の低減のみならず，シャコ資源そのものにかかる漁獲圧の軽減効果も考慮すべきであろう．このように目合拡大による効果は単純には評価できない．しかしこれらの結果に基づき，実際に目合の拡大を実行し，経験的に十分採算がとれるとしている漁業者も現れており，利

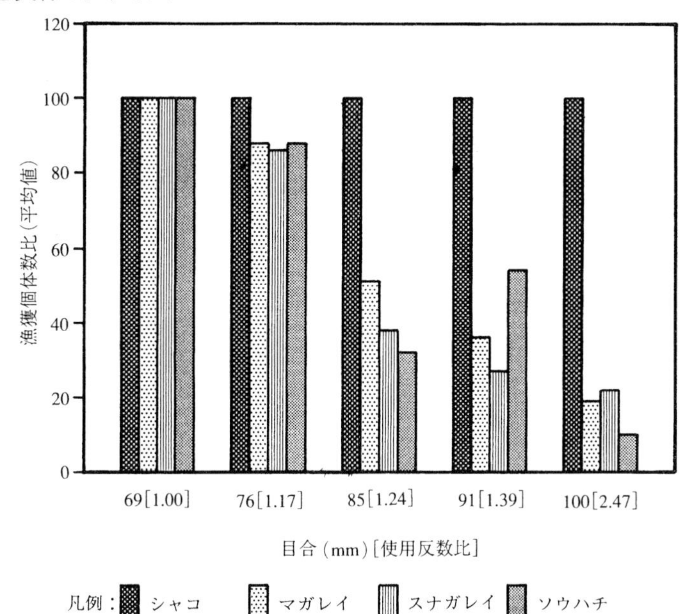

図 6·3 目合 69 mm の刺網と同じだけシャコを漁獲できる反数を用いた場合の各目合ごとのシャコおよび有用カレイ類 3 種の漁獲個体数比．各種とも，目合 69 mm での漁獲個体数を 100 とした．

用していない（できない）無駄な漁獲を低減するためにも，しゃこ刺網の目合拡大の普及が期待される．

混獲問題は，今や国際問題にまで発展してきており，これまでも底曳網漁業を中心に，選択漁獲の研究が行われている．わが国においても，ここで例に取り上げたしゃこ漁業に関してだけでも，底びき網による投棄量[17~19]，投棄後の生残[8,9,21]，選択漁獲[22~24]などについて研究されてきている．しかし沿岸底刺網漁業に関しては，単一魚種ごとの網目選択性に関する研究は行われているものの[25~27]，複数魚種を同時に扱った混獲問題に関する研究はほとんど見受けられない．わが国の沿岸漁業に占める位置づけの高い沿岸刺網漁業においても，

混獲防止の研究が今後積極的に行われることが望まれる.

文　献

1) 北海道水産部漁政課(編)：北海道水産現勢(平成4年), 1994, 449 pp.

2) 日本水産学会(編)：水産学用語辞典, 恒星社厚生閣, 1989, 316 pp.

3) 北沢博夫・大阿久俊郎：日水誌, **48**, 1089-1093 (1982).

4) D. L. Alverson, M. H. Freeberg, S. A. Murawski and J. G. Pope: *FAO Fish. Tech. Pap.*, **339**, 1994, 233 pp.

5) 東海　正：底曳網における投棄魚問題, 底曳網の分離漁獲に関する研究平成3～5年度科学研究費補助金一般研究(B)研究成果報告書, 1994, pp. 1-21.

6) 北海道：日本海北部地域北海道資源管理型漁業推進指針, 1992, 93 pp.

7) 上妻智行・有江康章・宮本博和：福岡水技研報, **1**, 85-88 (1993).

8) 香川　哲・合田誠志：栽培技研, **22**, 137-139 (1994).

9) J. L. Simonson and R. J. Hochberg: *Trans. Am. Fhish. Soc.* **115**, 471-477 (1986).

10) S. J. Kennelly, D. Watkins and J. R. Craig: *J. Exp. Mar. Biol. Ecol.*, **140**, 39-48 (1990).

11) 西内修一：昭和63年度事業報告書, 北海道立網走水産試験場, 1989, pp. 40-56.

12) 西内修一：平成3年業事業報告書, 北海道網走水産試験場, 1993, pp. 58-90.

13) 小林　信・有江康章・上妻智行：福岡水技研報, **1**, 63-69 (1993).

14) 依田　孝：北水誌月報, **29** (11), 2-14 (1972).

15) T. Hamano, M. Torisawa and M. Mitsuhashi: *Crus. Res.*, **23**, 5-11(1994).

16) 笹川康雄：北水研報, **30**, 31-44 (1965).

17) 大富　潤・中田尚宏・清水　誠：日水誌, **58**, 665-670 (1992).

18) 木村　博・檜山節久・吉田貞範・岡辺千里：山口内海水試報, **22**, 21-25 (1993).

19) 木村　博・檜山節久・吉田貞範：同誌, **23**, 9-13 (1994).

20) 木村　博・檜山節久・吉田貞範：同誌, **23**, 14-18 (1994).

21) 木村　博：同誌, **23**, 1-8 (1994).

22) 清水詢道：神奈川県水試研報, **13**, 1-7 (1992).

23) 清水詢道：同誌, **15**, 35-39 (1994).

24) 東海　正・藤森康澄・松田　皎：東京湾シャコ小型底曳網における魚種分離効果底曳網の分離漁獲に関する研究　平成3～5年度科学研究費補助金一般研究(B)研究成果報告書, 1994, pp. 45-56.

25) 上田吉幸：北水試研報, **36**, 1-11 (1991).

26) 上田吉幸：同誌, **37**, 27-35 (1991).

27) 建原敏彦：新潟水試研報, **13**, 11-18(1989).

7. 海外まき網漁業

竹 内 正 一*

海外まき網漁業とは法律上の名称ではなく，大中型まき網漁業のうち太平洋中央海区において周年にわたってカツオ・マグロを対象にして操業している漁業を指している．1970年に焼津市の福一漁業所属日勝丸（262トン）が実施した，南方漁場での周年操業の先達的調査により企業化の目処が立ち，1974年にはアメリカ式巾着網漁船（499トン型船）9隻が着業した．その後もかつお竿釣漁業などからの漁法転換により着業隻数は増加し，1983年には実働32隻となり，この操業隻数は現在まで続いている．業界関係者によると，わが国の海外まき網漁船の操業している西部太平洋海域において1990年12月現在アメリカ，韓国および台湾の各国がそれぞれ30～36隻出漁させている．

このように各国の漁船勢力が拮抗するなかで，旧499トン型に押さえられていた漁船の規模は1988年漁船の新測度法施行により旧499トン型から349トン型への改造が行われるようになった．この結果，改造船の漁獲物積載量は530トンから700トン台へと飛躍的に向上した．これに刺激されるように349トン型の新船も建造され，その積載量は800トンにまで達している[1,2]．しかしこの積載量の無謀ともいえる増加は，わが国の海外まき網漁業がアメリカ，韓国および台湾の各国のまき網漁業と違い本土への水揚げが決められているためである．

パプア・ニューギニア北部海域～ミクロネシア南部海域を主な漁場として操業してきた海外まき網漁業は，1981年にはインドネシア政府の方針によりインドネシア200海里水域での操業が不可能となり，漁場はかつお竿釣漁業と競合するように東方に移動していった．さらに1987年パプアニューギニア200海里水域への入漁交渉が入漁料問題で不調に終わり，漁場はミクロネシアおよびパラオの200海里水域と公海のみに制約されて現在に至っている．

* 東京水産大学

§1. 海外まき網漁業の操業実態

海外まき網漁業の主対象魚はカツオ，キハダおよびメバチである．その操業形態は魚群の性状から木付群操業，浮上群操業および生物付き群操業に大別される．このうち浮上群操業と生物付き群操業は移動中の魚群を対象とした操業であり，カツオ，キハダおよびメバチの単一群またはそれらの混合群であり，その他の魚種が混入して漁獲されることは非常に少ないといわれている[3]．

海外まき網漁業において主目的としない魚種の漁獲，つまり混獲が起こるのは木付群操業の場合が主である．図 7･1 に木付群の操業割合と漁獲割合の経年

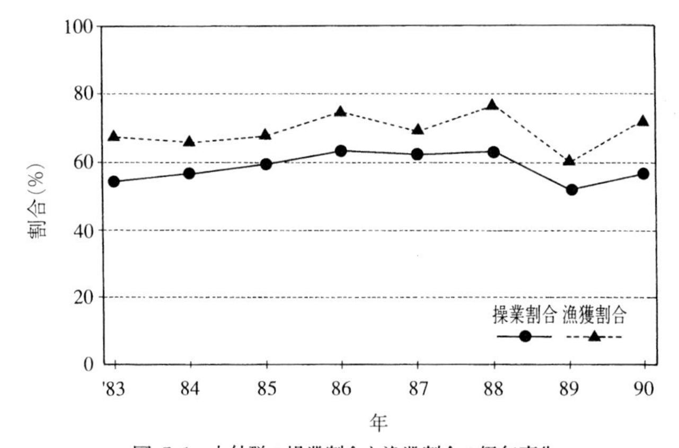

図 7･1 木付群の操業割合と漁業割合の経年変化

変化を示す．これによると，木付群操業が全体の約60％を占めている．一方，田中ら*によると1983年以前には 70％以上を占めていた木付群操業が1991年以降50％にまで減少している．それに引き替え浮上群操業は約30％前後であったものが，40％を越えるようになった．また生物付き群操業は１～３月を中心に５～６％の割合でほぼ一定している．しかし対象群別の漁獲量でみると，木付群操業で全体の約70％の漁獲をあげており木付群操業に依存している傾向が伺われる．

§2. 流木・パヤオに付く魚

各種の魚が流木や流れ藻などに付くことはよく知られている[4,5]．この性質

* 田中 有ら：平成７年度日本水産学会春季大会講演要旨集，p. 28，(1995).

を利用した集魚施設にはシイラ漬，浮魚礁およびパヤオなどがある[6]．現在，とくにパヤオや人工流木は海外まき網漁業でも盛んに利用されるようになっている[7,8]．またパヤオに集まる魚種について沖縄県水試の大島[9]が漁獲調査，水揚げ台帳および聞き取り調査により調べた結果を表7·1に示す．これによると

表 7·1 パヤオに蝟集する魚種[9]

魚種名	学名	備考
サメ類		何種もみられる
ハタ類		種不明（一部のパヤオにみられる）
クサヤムロ	*Decapterus macrosoma*	40～50cm程のものが多く付くことがある
その他のムロアジ類		何種かいるようである
オキアジ	*Uraspis helvalus*	数は少ない
その他のアジ類		何種かいるようである
ヒレナガカンパチ	*Seriola rivoliana*	30cm未満のサイズが主
ツムブリ	*Elagatis bipinnulata*	小型魚が多い
シイラ	*Coryphaena hippurus*	季節的多く付くことがある
クロマグロ	*Thunus thynnus*	量的に少ないが今後の期待種
メバチ	*T. obesus*	4～5kg級多い
キハダ	*T. albacares*	パヤオで最も重要種
スマ	*Euthynnus affinis*	少ない
カツオ	*E. pelamis*	キハダにつぐ重要種
ヒラソウダ	*Auxis thazard*	季節的に多く付くことがある
カマスサワラ	*Acanthocybium solandori*	小型多い
バショウカジキ	*Istiophorus platypterus*	少ない
マカジキ	*Tetrapturus audax*	少ない
クロカジキ	*Makaira mazara*	パヤオで重要種
シロカジキ	*M. indica*	少ない
メカジキ	*Xiphias gladius*	夜間に多い
アミアイゴ	*Siganus spinus*	稚魚の群が付くことがある
アミモンガラ	*Canthidermis maculatus*	パヤオ直下に多い
オキハギ	*Abalistes stellatus*	パヤオ直下に多い
その他のカワハギ類		パヤオ直下に多い

サメ類，ハタ類，クサヤムロ，その他のムロアジ類，オキアジ，その他のアジ類，ヒレナガカンパチ，ツムブリ，シイラ，クロマグロ，メバチ，キハダ，スマ，カツオ，ヒラソウダ，カマスサワラ，バショウカジキ，マカジキ，クロカジキ，シロカジキ，メカジキ，アミアイゴ，アミモンガラ，オキハギおよびその他のカワハギ類である．これらの魚種の大部分は海外まき網漁業が木付群操業を行った時に漁獲されるものと一致している．

つぎに，海外まき網漁業の木付群操業において漁獲される魚種として，田

中[10]は表7·2に示すように18種をあげている．それはメジロザメ類，ヨシキリザメ，カイワリ類，ムロアジ類，ツムブリ，エビスシイラ，シイラ，マツダイ，シロカジキ，クロカジキ，カマスサワラ，マルソウダ，カツオ，キハダ，メバ

表7·2　海外まき網漁獲物に出現する魚種[10]

	学名		標準和名
	科	種	
1	Carcharhinidae	*Carcharhinus spp.*	メジロザメ類
2		*Prionace glanca*	ヨシキリザメ
3	Carangidae	*Caranx spp.*	カイワリ類
4		*Decapterus* spp.	ムロアジ類
5		*Elagalis bipinnulata*	ツムブリ
6	Coryphyaenidae	*Coryphyaena equisetis*	エビスシイラ
7		*C. hippurus*	シイラ
8	Lobotidae	*Loboles surinamensis*	マツダイ
9	Istiophoridae	*Makaira indica*	シロカジキ
10		*M. mazara*	クロカジキ
11	Sombridae	*Acanthocybiun solandri*	カマスサワラ
12		*Auxis rochei*	マルソウダ
13		*Kalsmoonus pelamis*	カツオ
14		*Thunnus albacares*	キハダ
15		*T. obesus*	メバチ
16	Balistidae	*Canthidermis maculatus*	アミモンガラ
17	Monacanthidae	*Aluterus scriptus*	ソウシハギ
18	Ommastrephidae	*Symplecloteuthis ouralanniensis*	トビイカ

チ，アミモンガラ，ソウシハギおよびトビイカである．このうち，クロカジキとシロカジキはカツオを捕食している魚種で，殆どが木付群操業で混獲されている．その漁獲量は1航海0.2～1.5トン，月平均10トン，年間130トン前後で，大部分が80～200 kgのクロカジキであるとしている．

海洋水産資源開発センターの海外まき網調査船が熱帯太平洋の中・西部水域において1982年から調査した結果による漁獲物の種類を表7·3に示した．これらの魚種は大島や田中の報告とほぼ一致している．

§3.　海外まき網漁業における混獲魚

焼津魚市場の海外まき網漁業魚種別サイズ別水揚げ表を1991年から1993年の3年間分集計整理した結果を表7·4に示す．また魚種別水揚げ量の割合を図示

表 7·3 海外まき網調査船による漁獲物の種類

魚種名	備考
カツオ・マグロ類	
カツオ	
キハダ(キメジ)	
メバチ(ダルマ)	
ビンチョウ	木付き操業の際，稀に入る
クロカジキ	
ソウダガツオ	
サメ類ほか	
クロトガリ(メジロザメ)	
ヨゴレ	
ジンベイザメ	サメ付きで，稀に入る
イトマキエイ	
その他の魚類	
ムロアジ	流木付きの朝の反応で，70～90cm 位に強い反応あり
ツムブリ	流木付近で，水持ち状態でみられる
シイラ	
アミモンガラ(通称ジッパ)	
イスズミ	
マツダイ	
ツバメウオ	
ヒラアジ	
ウマズラハギ	
ムラサキダコ	
マンボウ	
※ トビイカ	漂泊中，たまに釣れる程度

表 7·4 海外まき網漁業における魚種別水揚げ量 (単位：ton. %)

年	魚種					
	カツオ	キハダ	キメジ	メバチ	混獲魚	合計
1991	91999	25453	11304	1728	844	131327
	(70.1)	(19.4)	(8.6)	(1.3)	(0.6)	(100.0)
1992	90740	34914	14457	3316	718	144146
	(63.0)	(24.2)	(10.0)	(2.3)	(0.5)	(100.0)
1993	76326	43467	14816	2655	1134	138399
	(55.1)	(31.4)	(10.7)	(1.9)	(0.8)	(100.0)

(焼津魚市場 海外まき網漁業 魚種別サイズ別水揚表より)

すると図7･2のようになる．ここでいう混獲魚とはシイラ（大），ツムブリ，ムロアジ，カジキ類，ソウダガツオおよびカマスサワラの６種であった．これらの魚はたとえ価格が安くても市場で販売される．混獲魚は全漁獲量の0.3～0.6

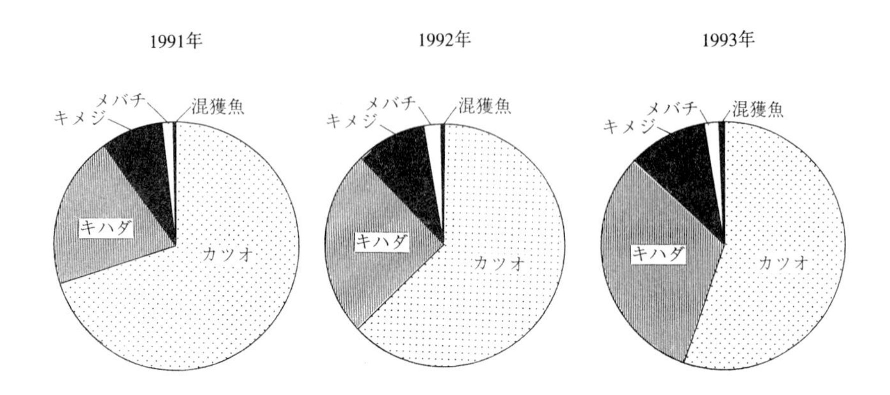

図 7･2　海外まき網漁業における魚種別水揚げ量の割合

％であり，その重量は718～1134トンであった．さらにこの混獲魚を魚種別に集計した結果を表7･5に示す．また混獲魚の魚種別水揚げ量の割合を図示すると図7･3のようになる．魚種別の割合は年によって変わるが３年間の合計でみると，ムロアジ，シイラ，ツムブリの３種がそれぞれ約25％を占めていた．

海外まき網漁業の混獲魚を水揚げ港において調査する場合，この漁業の船上における漁獲物の処理について考えなければならない．漁獲物は一旦凍結槽でブライン凍結される．凍結の終了した漁獲物は保冷庫に移される．この移動作業は手作業で行われるため，この過程で商品にならない混獲魚は投棄され，陸

表 7･5　海外まき網漁業における混獲魚の魚種別水揚げ量　（単位：ton．％）

年	混獲魚種						
	シイラ	ツムブリ	ムロアジ	クロカジキ	ソウダガツオ	カマスサワラ	混獲魚合計
1991	273 (32.3)	120 (14.2)	135 (16.0)	111 (13.2)	188 (22.3)	17 (2.0)	844 (100.0)
1992	185 (25.8)	255 (35.5)	114 (15.9)	83 (11.6)	41 (5.7)	40 (5.6)	718 (100.0)
1993	231 (20.4)	274 (24.2)	442 (39.0)	126 (11.1)	39 (3.4)	22 (1.9)	1134 (100.0)

（焼津魚市場　海外まき網漁業　魚種別サイズ別水揚表より）

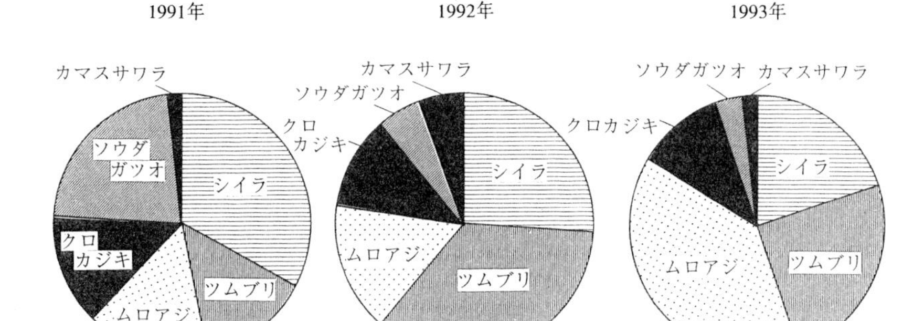

図 7·3 海外まき網漁業における混獲魚の魚種別水揚げ量の割合

上に水揚げされるものはごく少数となる．そのため，水揚げ港での混獲魚の調査には凍結した後で保冷庫に移動させなかった漁場切り上げ寸前の漁獲物について行わなければならない．

そこで1994年10月23～24日に凍結した後で保冷庫に移動させなかった漁獲物について調査を行った．第85福一丸の魚種別水揚げ数量を表7·6に示した．この漁獲物は0°～2°N，155°～163°Eの漁場で木付群操業4回および浮上群操業7回で得られたものである．ここでは，市場で販売されずにフィッシュミール原料にまわされる魚種だけについてその尾数と体長を調べた．そこでは，アミモンガラ，

表 7·6 第85福一丸魚種別水揚げ量
（1994年10月23，24日水揚）

魚種名	重量（kg）	漁獲尾数	割合(%)
対象魚合計	519,040		99.81
カツオ	232,649		
キハダ	177,507		
キメジ	101,995		
メバチ	6,889		
混獲魚合計	748		0.14
クロカジキ	299		
ムロアジ	299		
ツムブリ	150		
雑魚合計	220.37	272	0.04
アミモンガラ	84.42	183	
ヒラアジ	5.67	25	
サメ	110.01	21	
ウスバハギ	8.64	21	
シイラ(小)	6.47	7	
イスズミ	1.37	5	
カンパチ	1.94	5	
ツバメウオ	0.86	3	
マツダイ	0.60	1	
オキアジ	0.39	1	
合計	520,008.37		

（現地調査および焼津魚市場海外まき網漁業 魚種別サイズ別水揚表）

ヒラアジ，サメ，ウスバハギ，シイラ，イスズミ，カンパチ，ツバメウオ，マツダイおよびオキアジの10種が混獲されていた．このうち測定尾数の多いアミモンガラの体長組成を図7･4に示した．今回混獲されたアミモンガラは体長30〜32 cmにモードをもつ群であった．

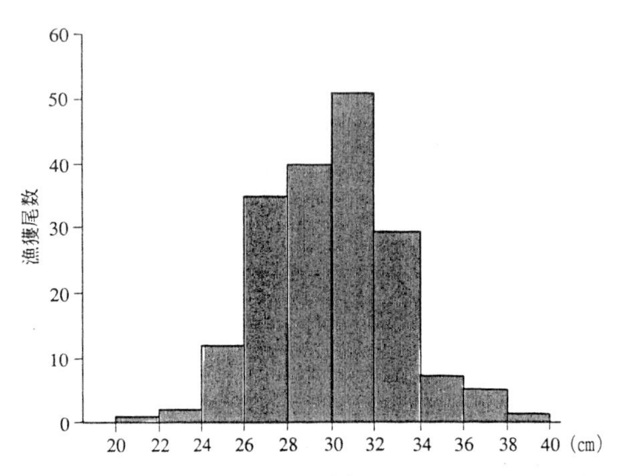

図 7･4　海外まき網漁業によって混獲魚されたアミモンガラの体長組成

以上，海外まき網の混獲魚の実態について述べた．9月〜11月の木付群操業では流木や流れ物に蝟集する30〜40 cmの小･極小のカツオの漁獲比率が高くなる傾向がある．そこで今後の研究の方向としては，流木やパヤオに魚群が付く要因の解明とともに，木付群操業に頼らなくてもよい操業技術の確立が必要である．そのためには，漁具の改良は勿論であるが，西部太平洋で操業している各国の漁船の規模にひけをとらないようにすることも必要であろう．さらに述べれば，ミクロネシアでの漁獲物の積み替えも必要になってくるであろう．

文　献

1) 小池孝知・竹内正一・根本雅生：東水大研報，**77**，135-140 (1990).
2) 小池孝知・竹内正一・毛利雅彦・関根　淳：東水大研報，**78**，107-117 (1991).
3) W. M. Matsumoto, R. A. Skillman and A. E. Dizon : *NOAA Technical Report NMFS Circular*, **451**, 41-46 (1984).
4) 矢部　博・森　徳見：日水誌，**16**，35-39 (1950).
5) 千田哲資：流れ藻の水産的利用，日本水産資源保護協会，1965，55 pp.
6) 小倉通男：人工魚礁と魚一II，小野田,

1994, 156 pp.
7) 山中　一・森田二郎・行縄茂理：南方海域におけるカツオ資源開発に関する研究，東海区水産研究所，**1**，31，1973.
8) 岩佐賢太郎：*JAMARC*, **21**, 32-39(1981).
9) 大島洋行：昭和60年度沖縄県水産試験場事業報告書，15-37，(1987).
10) 田中　有：東北水研報，**51**，75-89(1989).

8. 沿岸まき網漁業

原　　一　郎*

沿岸のまき網が主漁獲対象とする魚種は，多獲性浮魚類のアジ，サバ，イワシで，これらの共通点は比較的に大きな群れを構成して行動することである．したがってまき網は機動的な漁法であることから，集群しているところをねらって操業する，集魚してから操業する，といった方法をとる．いずれにせよまき網は能動的かつ積極的な漁法であるので魚群が漁具に遭遇するというよりも，魚群の性状や人間の漁場の選択によるところが大きい．沿岸まき網には知事許可の中小型まき網が含まれるが，ここでは漁獲の主体を占める大臣許可の大中型まき網を例に混獲について考えてみたい．利用した資料は漁獲成績報告書（1988年と1993年）である．ここでいう混獲とは他で述べられている非漁獲対象の入網とは意味が若干異なる．

§1. まき網漁業の特徴

最近のまき網は操業の合理化・機械化が進んでいるが，網船の規模は19～135トン，漁法は一そう旋と二そう旋があり，種々雑多である．資源の利用の立場からみると，乱獲，漁場を荒廃させる性格をもっている．資源の利用形態は，(1)高価格魚ねらいの価格生産性追及型，(2)低価格魚を多獲する物的生産性追及型（量産性の追及）に大別される．サワラ，ブリなどを対象とする(1)の場合には投棄魚，アジ，サバ，イワシなどを対象とする(2)の場合には獲りすぎ(乱獲？)，といったことが関係するであろう．

日本周辺の沿岸にはまき網漁業・漁場が数多くみられる．漁場を大別すると，太平洋側の三陸・道東漁場と対馬暖流域の日本海南西部から東シナ海に至る漁場の2つである．ただしマイワシが対象であった道東漁場は1993年以降に漁場は消滅している．漁法は魚群探知機や水平式のソナーで魚群を探索し，直接に投網する場合と集魚灯で魚を集めてから投網する場合とに分けられる．

* 西海区水産研究所

集魚灯を用いれば各種の魚類が灯火に集群するので夜間操業の際には混獲する可能性が高い．集魚灯を利用した操業が可能な海域は規制により日本の南西部に限られ，まき網の大漁場の一つである三陸・道東海域においては許可されていない．集魚灯が利用可能な海域においても，電探張りと称して直接に投網する場合もある．

まき網は能動的かつ積極的な漁法であるので，魚群探知機，水平式のスキャンニング・ソナーなどの音響機器を活用して魚群を探索・捕捉し，漁獲対象にするかどうかを漁労長が探索船の情報を参考に決定する．漁場によっては魚群探知機でカタクチイワシとマイワシとを識別し，マイワシを避けて操業する例がみられるが，道東海域のマイワシ漁場では，マイワシが減少しカタクチイワシが来遊し，マイワシ対象のまき網がカタクチイワシを避けて操業した際には，マイワシとカタクチイワシを取り違え漁獲したカタクチイワシが網目に目掛かりした例がある．マイワシ用とカタクチ用の網では仕立てが異なり，目合に差がある．通常は音響機器のみによる魚種判別は現在の技術では完璧ではないので，灯火で集魚する場合には釣や水中テレビで魚種を確認することもある．音響機器のみによる魚種判別には限界があるので，魚群探索は過去の漁獲実績，前日の漁況，他船の漁獲状況，海況などの情報を加味した漁労長の総合的な判断によるところが大きい．したがって時に漁労長の判断ミスがある．

灯火を用いた集魚をしないで，魚群を直接に漁獲する三陸・道東海域においてはマサバまたはマイワシの単一魚種が主で，混獲はほとんどみられない（漁獲成績報告書）．以下では日本海南西部から東シナ海において操業する大中型まき網（図8･1）について述べる．

§2. 漁獲の実態

漁獲成績報告書は操業する海域により報告様式に差があり，魚種の記載が若干異なるが，1日の操業実績を主たる漁場位置，操業回数，漁獲魚種などをまとめて記載する．本海域においてはマアジ（5銘柄），サバ類（4銘柄），マイワシ，ウルメイワシ，カタクチイワシ，ムロアジ，マルアジ，その他の8魚種について箱数で漁獲量を記載する（1993年より15 kgから16 kg入りとなった）．ただし，1994年よりサワラ（5銘柄），ブリがこれらに追加された．サバ類とはマサバとゴマサバである．量的には多くはないがこれら以外に，ウスバハギ，オアカムロ，カツオ，クサビフグ，スルメイカ，タチウオ，ハガツオ，ヒメアジ，マルソウダ，ヨコワ，スズキ，ヒラメなどが漁獲されている．ここ

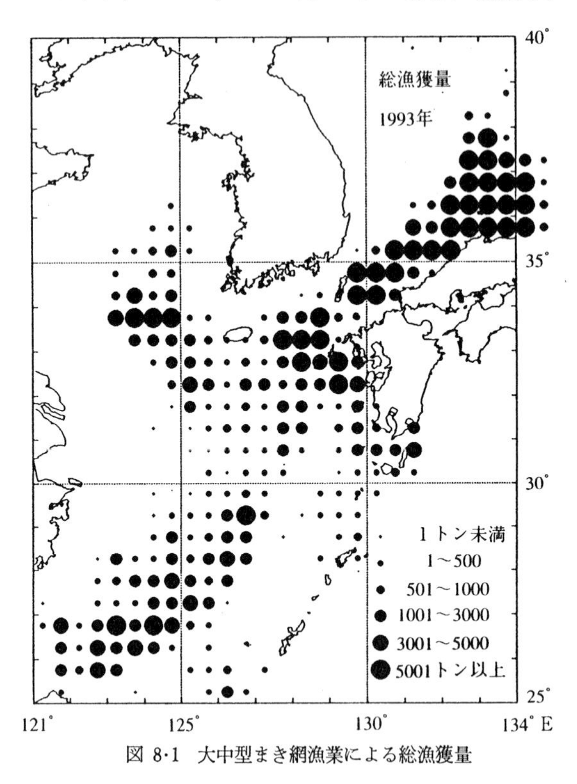

図 8·1　大中型まき網漁業による総漁獲量

では上述の8魚種について考察する．

本海域における経年的な漁獲量の変動を図8·2に示した．これによると近年の主漁獲対象魚は，マアジ→サバ→マイワシと魚種交替してきている．最近の資源状況は，マアジは増加傾向に，サバ類は低水準の横ばい，マイワシは高水準（ただし1993年までで，1994年以降はマイワシは減少傾向に転じている）である．これら3魚種の漁獲に占める割合が高い．

漁獲成績報告書で操業の中身をみてみると，1日当たりの操業回数は0～8回で，集魚に時間を要することもあり，年間を通じて1日1回操業(50%前後)が最も多く，これに0と2回操業を加えると全体の90%前後となる（図8·3）．

前述したように漁獲成績報告書には1日の結果がまとめて記載され，2回以上の操業があった日については合計値となる．したがって2回以上の場合には網次毎に結果を分けることができないので，ここでは1回（1網）の操業結果に

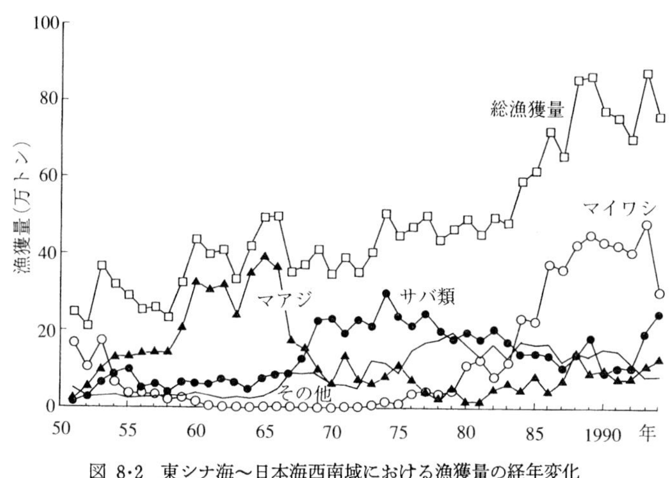

図 8·2 東シナ海～日本海西南域における漁獲量の経年変化

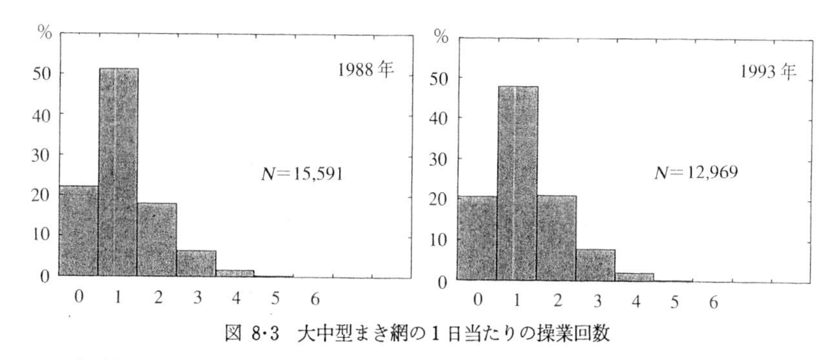

図 8·3 大中型まき網の1日当たりの操業回数

ついて解析した．

混獲魚数は1～6魚種で，春～秋には混獲数が増加し，冬には単一魚種で経過する傾向である．海域毎に混獲魚種数をみれば，冬には済州島西沖でのサバ類の漁場，日本海南西部でのマイワシの漁場が形成されることからこの時期には混獲が少なくなる．1回当たりの操業時において漁獲が多かった魚種（銘柄を無視した8魚種，前述）を主漁獲対象とみなして月別に図示したものが図8·4である．マイワシを漁獲対象とする場合には1日に2回以上操業するこ

とが多いので，この図では冬にピークとなる傾向をつかみにくい．これによると本海域においては時期により変化するが，マアジ，サバ類，マイワシを主漁獲対象に操業しているといえよう．以下にこれらの関係について述べる．

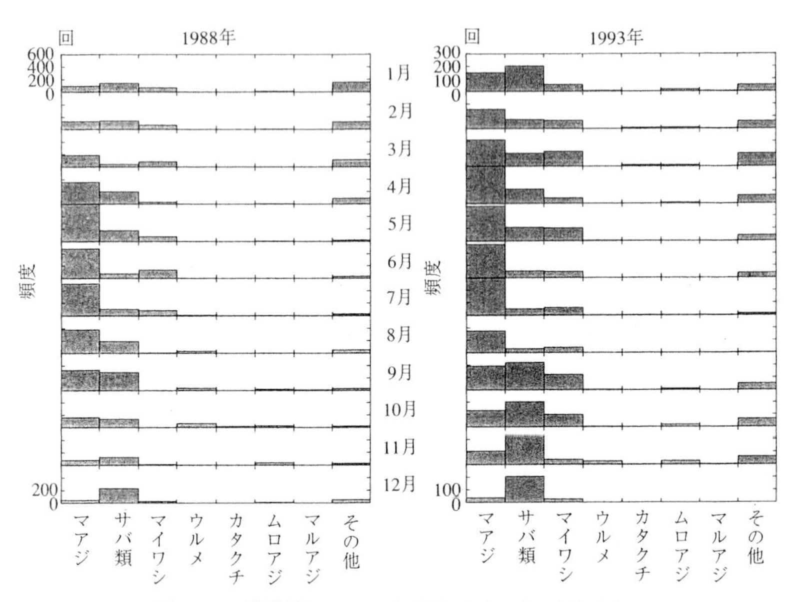

図 8·4 主漁獲対象となった魚種別の操業回数の頻度分布

まずマイワシの漁獲の実態をみてみる．マイワシとマイワシ以外（7魚種の合計）の漁獲状況を図 8·5 に示した（総数 5,615 回）．1993年を例に示したが1988年も同様なパターンである．この図によると，マイワシが常に単独で漁獲されるならば，散布図上の点は x 軸に相当するマイワシ軸上と y 軸に相当するマイワシ以外軸上（マイワシ漁獲がゼロのとき）にのみ分布することになる．これらの軸上の以外に分布する点はマイワシとそれ以外の魚種の混獲を意味する．マイワシのみが漁獲された回数は 775 回，それ以外が 4,316 回で，マイワシに混獲魚がみられたのが 524 回であった．図示しなかったが，1988年の混獲した回数はこれよりも少ない．1993年を例に示したが，マイワシの漁獲量が 200 トン／網を越えると混獲は皆無である．1988年の例では 150 トン／網である．

前述のマイワシと同様にマアジとサバ類の漁獲状況を図 8·6 に示した．1988

年を例に示したが，1993年も同様なパターンである．操業回数 5,917 回の内，マアジのみが漁獲されたのが 444 回，サバ類のみが 976 回で，混獲した回数は 4,497 回である．群れの大きさの影響があろうが，200トン／網以上ではサバ類の場合には混獲はほとんどみられない．マイワシと同様に群れが大きい場合

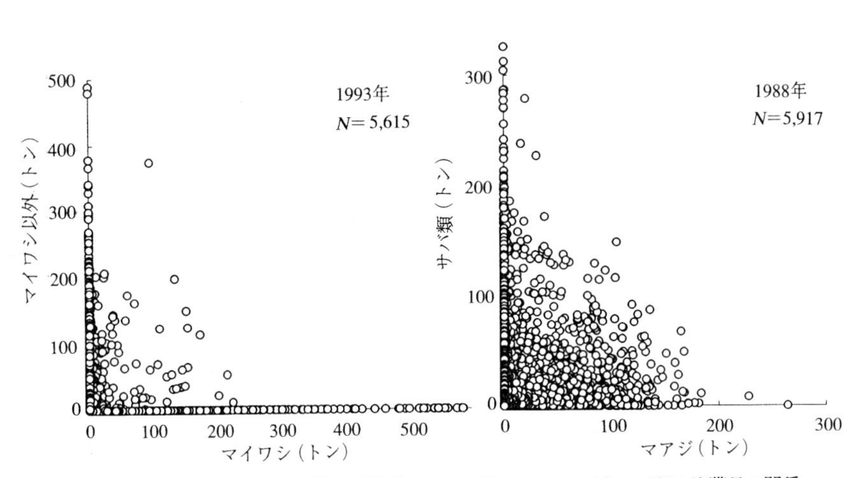

図 8·5 マイワシとそれ以外の漁獲量の関係．ただし操業回数は 1 回のみ

図 8·6 マアジとサバ類の漁獲量の関係．ただし操業回数は 1 回のみ

には混獲が少ないといえる．それぞれ単独で漁獲される場合も多いが，マイワシの場合とは異なり，これらの 2 魚種はほとんどの場合は混獲といえる（1988年 76%，1993年 63%）．この場合，両者を合わせた合計漁獲量は 200トン／網以下で，ほとんどは 150トン／網以下となっている．

季節的にみると主に秋～冬にマイワシを漁獲対象とし，マイワシの主漁場は山陰西部から九州西岸の五島灘の沿岸域で，マアジ，サバ類とは漁場があまり重ならないことから，マイワシの場合には単一魚群で漁獲されることがほとんどである．マイワシ以外の場合には漁場選択により主漁獲対象魚は変化するが，大まかにみると春～秋にはマアジが，秋～冬にはサバ類が主漁獲対象である．これらは単独で漁獲されることもあるが，両者は混獲されることが多い．その他についてはサワラ，ブリが含まれるが，他の魚種とは漁場が重ならないことから，これらは単一魚種で漁獲される．

§3. 投 棄 魚

まき網の操業から水揚げに至るまでを考えてみる．網船がまず魚群を包囲し，網を絞って漁獲体制に入ると，運搬船を網船に取りつける．運搬船は魚取部にたまった魚を大きなタモで抄くい魚倉に積み込む．この時には魚種の選別・投棄は一切ない．満船になった運搬船は漁港にて水揚げを行うが，魚種組成，地方により水揚げ方法は異なる．太平洋側の三陸・道東漁場のマイワシ，マサバの例では直接にトラックに積み込むことが多いが，集魚灯を用いている地域では，ほとんどの場合に市場にて魚種別，大きさ別に選別し，木箱（トロ箱）に入れる．ただし，マイワシの場合には直接にトラックに積み込むことが多い．いずれにせよ水揚げされた魚を投棄することはない．上述したようにアジ，サバはほとんどが混獲（混じり）で，それを承知で操業している．網船は出港後に網地を海上で交換することはできないので，出港前に漁獲対象魚種を決めて，いわし網，さば網などを積み込んでおく．すなわち出港前には漁獲対象魚は決まっている．

一方，中小型まき網は春・夏季にはシラス類を漁獲したり，大型まき網でも極小アジ（豆アジのなかでも特に小型のもの）を漁獲対象にしている例がみられる．したがってまき網の場合には，小型魚でも投棄はせずに有効利用している．このように当歳魚も積極的に漁獲対象としていることから，小型魚の投棄はなく有効利用を図っているといえる．

すなわち，まき網の場合にはこれまでに述べたようにすべてが漁獲対象魚である．漁獲割り当て制が敷かれていない現在においては投棄魚の存在はほとんどないといってよい．また通常いわれる非漁獲対象魚を投棄する（逃がす）目的で漁獲魚種を分離する分離漁獲はまき網の場合には漁具の網地構成からいって困難であろう．

§4. 混獲を考慮した漁獲

日本の沿岸域のまき網漁場は，混獲が顕著な海域とほとんどない海域とに分けることができる．これは魚の分布・回遊特性と漁法に起因する．日本海南西部～東シナ海は，灯火を利用することから単一魚種の漁獲はマイワシを除くと稀で，混獲（複数種の漁獲）が顕著であり，それをさけられない海域である．

非漁獲対象魚および幼魚の漁獲の減少といった選択漁獲は，同じ能動的な漁具であるトロール網とまき網とでは異なる．トロールなどの場合には非漁獲対象魚の入網があるが，まき網の場合にはすべてが漁獲対象といえよう．ただ幼魚の漁獲については問題があり，その減少または制限は選択漁獲といった観点から検討されるべきである．稚魚・幼魚の保護を考えるときに，網目の大きさを制限し，逃がすことが考えられるが，まき網の場合には現実的ではない．今回は銘柄別（大きさ別）の混獲事例を論議しなかったが，幼魚は未成魚，成魚とは分布域が異なることが多い．例えば年により変動はあるが，豆アジ（当歳魚）が漁獲される時期は4月頃と10，11月頃，漁場は山陰西部の隠岐島周辺，対馬東，九州西岸の五島灘と五島西沖で多くの場合単独で漁獲され，一部に豆サバ（当歳魚）との混獲がみられる．したがって時空間を考慮した漁獲・保護を考えれば，このような選択漁獲は可能である．

魚種別の漁獲可能量の算定，資源管理が実行されようとしている．これらの決定の際には投棄魚のみならず，他の漁業などによる混獲魚の割合を考慮に入れなければならない．まき網の場合にも多魚種が漁獲されるが，他の漁業で述べられているような混獲というようなイメージとは異なる．最近は，管理の概念の動向として，資源の動態の安定性の追及のみではなく，それに漁業者の行動動態の安定性をも考慮して，漁業者の利潤の安定性を維持することを目的とした最適化モデルを論議するようになってきている．

管理を実施する場合には必ず既存の漁業の産業上のリスクが伴う．これに対する対策には例えば魚種別の最低価格の決定などの公的な補償が当然に必要である．魚価低落を漁獲量で埋め合わせることがなくなる．これなしには水産物の安定供給，漁業管理を実行することはできないであろう．

今後はより詳細な混獲実態を時空間的に捉えて，混獲を考慮した合理的な管理をめざすべきである．国が科学的根拠に基づき決定した漁獲可能量を有効利用する場合には，漁業者はこれに基づき秩序ある操業を行うことであろう．この意味から環境にやさしいまき網漁業をめざすには混獲をさけるよりも努力量の調整による漁獲規制と価格の安定が必要である．

9. サケ定置網漁業

三　浦　汀　介*

漁業における混獲の問題は，今後，解決しなければならない重要な課題である．しかし，この問題がなぜ重要なのか，そして，どのような文脈で解釈されるべきかについて一言述べたいと思う．しばしば問題が背景の中に埋没してしまってよく見えない場合がある．漁業の今日的課題が何かというテーマもその一つである．ようするに，それをとりまく社会的なそして地球環境的な背景をよく理解しなければ問題の本質は見えてこない．

問題をとりまく背景は，大きく2つに整理できる．一つは人口爆発によって生じる世界的な食糧問題である．現在，世界の漁業生産は1億トンを割り，人口の急増に食糧の供給が難しくなりつつある．すでに穀物に関しては，化学肥料による増産のメリットに限界があることが分かり，研究者の多くは楽観的予測をしていない．今後は生産された食糧を少しも無駄にできない時代がきそうである．このような背景の中で，混獲は対象とする生物を得ると同時に，対象外の生物を捕獲してしまうので，資源の再生産や野生生物保護の観点から，十分考えなければならない課題の一つである．

いま一つの問題は，最近ヨーロッパや米国を中心に，広がりつつある漁業敵視論である．これは漁業全体を資源保全を無視した環境破壊型産業と決めつける考え方である．これには純粋に科学的な考え方とはいえないセンチメンタリズムの要素が多く含まれているが，その発想の単純さから多くの支持を得始めている[1]．これに対する反論はかなり難しいものである．なぜなら，現実の漁業には乱獲や混獲が存在し，根本的に乱獲や混獲がなくならない状態では，何をいっても反論に説得力がないからである．

乱獲問題，混獲問題の解決に対して，我々研究者が手をこまねいているだけで，積極的な対応をしないことが原因で，公海上の大規模流し網モラトリアムの例のように，漁業そのものを消滅させてしまうようなことは，今後，決して

---

* 北海道大学水産学部

許してはならないと思う．このような漁業敵視論に対抗するためには，乱獲問題，混獲問題に積極的な取組みの姿勢をみせることはいうまでもないが，さらにこれらのことに加えて，漁業という産業を通して人間社会や環境に対して積極的貢献となる攻めの議論を加えることが必要になろう[2]．

今日の漁業をとりまく環境は，このように厳しく，第一の問題である混獲防止のもたらす資源保全効果の重要性はいうまでもないが，それ以上に第二の漁業敵視論などのマスメディアによって広がる危険な思想には，十分注意を払わなければならない．

§1.　定置網漁業における混獲問題

現在，北海道で行われている定置網漁業は，表 9·1 に示すように免許漁業の対象になるものと共同漁業権第 2 種の枠の中で行われる 2 種類がある．免許漁業は，秋サケ定置網漁業とサケその他の定置網漁業が主体で，それ以外にマイワシ *Saridinops melanostictus* やホッケ *Pleurogrammus azonus* を対象にした定置網漁業もあるが，その数は非常に少ない．また共同漁業権第 2 種には小定置網漁業や底建網漁業があるが，これらの漁具は規模が小さいが，数は非常に多く存在している．

表 9·1　北海道内各種定置網漁業の着業数（平成 4 年）

漁　業　別	定置網の種類	着業数
定　置　漁　業	サケ定置	730
	サケ・その他の定置	246
	その他の定置	6
共同漁業（第 2 種）	小 定 置	3631
	底 建 網	2594

＊資料は北海道水産現勢（平成 4 年）による

ところで，定置網における混獲の意味を考えてみると，次のようになると思われる．

(1)　商業的に有用な複数の魚種が同時に漁獲されてしまう場合．

(2)　商業的に有用な魚種に混ざって，商業的には利用できない，またはすべきでないものを同時に漁獲してしまう場合．

最初の問題は定置網漁業で中でも頻繁に見られるが，さほど難しい問題を含んでいるわけではない．具体的には選別作業の労力軽減と混獲による魚体の損傷が中心課題となる．これらについてもそれぞれの解決策が考えられなければならないが，本論で論じられるべき課題は春から夏にかけてサケ *Oncorhynchus keta*, スケトウダラ *Theragra chalcogramma*, ホッケなどの稚魚が商業的に有用な魚種との間で混獲が生じる２番目の問題である．これらの稚魚は，沿岸定置網によって間引かれなければ，成長して漁獲対象資源に組み込まれるべきものである．サケのように種苗を人工的にふ化放流するものでは，生産コストを低く抑えるためにも，混獲による種苗の減耗を抑えなければならない．またスケトウダラのように定置網漁業と底刺網漁業の間で利害対立が存在する場合は，問題はさらに深刻になる．特に，大謀網に混獲されるスケトウダラ稚魚は，網起しの際，いっきに表面水温の高い直射日光下に曝されることになり，たとえ鰾のガス抜きに成功したとしても，稚魚の生残可能性はほとんどないものと思われる．海面に浮いた稚魚を浮子方を沈めて網外に出したとしても，それらは海面に絨毯状に広がるしかない．このようにして死滅するスケトウダラ稚魚の数が年間どれほどの数量かはデータがないが，再生産に大きな影響を及ぼしていることは間違いない．たとえそうでないとしても，この光景がＴＶなどのマスメディアに流れた場合は，相当インパクトのあるショッキングな映像となるであろう．このような意味からも，関連する漁業者は混獲問題に注意深くなくてはならない．

ここで，北海道周辺における定置網の場合を考えてみる．表 9·2 に北海道内各種定置網漁業の操業期間を示す．これをみると，秋サケを専門とするサケ定置網は，漁期がサケ稚魚の接網時期と重ならないことに加え，魚捕り部の目合

表 9·2　北海道内各種定置網漁業の操業期間（平成４年）

対象魚種	定置名称	主要海域	月												備考
			1	2	3	4	5	6	7	8	9	10	11	12	
サケその他	大型定置	全道			◀	—	—	—	—	—	—	—	—	▶	水深60m
サケ	サケ定置	全道									◀	—	—	▶	目合120mm
マス	小定置	オホーツク～日本海						◀	—	▶					浅海小目
イカナゴ	小定置	太平洋						◀	—	—	▶				浅海小目
ホッケ	底建網	日本海		◀	—	—	—	—	—	—	—	—	▶		浅海小目

□ はサケ稚魚の干渉する期間

※資料は北海道水産現勢平成４年による．

いが大きいことから，サケ稚魚の混獲は生じないことが分かる．反面，以前の調査ではサケに混じってマイワシの大群が入網することも水中テレビの観察から分かっている．しかし，網目が大きいため，それらの魚群は漁獲対象にはなっていない．それどころかこの種の小規模の定置網では，遠隔式魚群探知機をもっていないので，一般的にはこのような漁獲のチャンスがあることも分からないようである．

稚魚の混獲が問題となるのは，秋サケを主要漁獲物とするが，漁期を通じてくるものは何でもとってしまうサケその他の定置網（北海道では大謀網という）や，小型定置網や底建網が今回のテーマになる．これらの漁具では，サケ稚魚が接網する時期に，商業的対象魚であるマイワシ，イカナゴ *Ammodytes personatus* といった小型魚を漁獲するため，魚捕り部に小目の網地を使うからである．しかしこれらの小型魚を捕ることのメリットは，漁獲量が少なければ，一般にサケの稚魚を殺すことによるデメリットに比べて大きなものとならないようである．これは漁業者が負担しているふ化放流経費に対して，あまり負担の自覚がないことに原因があるように思える．

北海道周辺で放流されたサケ稚魚は，4月から6月の沿岸滞留期にしばしば定置網に混獲される．市場価値のない混獲されたサケ稚魚を健康な状態で海に戻すことができれば，その経済的価値は大きく，サケ稚魚混獲防止装置を設置する意義も十分にあるものと思われる．

本論では，混獲問題のケーススタディーとして定置網における混獲防止装置開発を例に考えることにする．定置網の箱網の一部に稚魚だけが通過できる網地パネルを設けて混獲防止をする考え方に立つと，重要なのは稚魚の基本的な網目通過行動に関する情報である．そこで今回はサケ稚魚の目合と縮結の異なる平面網地に対する網目通過行動について紹介し，混獲防止装置開発のための基礎的データについて考察する．

§2. 混獲防止装置開発のための基礎的データ

図9·1はサケ稚魚の網目通過行動を調べるための装置である．この装置は台車aを前に押すことで簾に囲まれた空間bの容積を変化させ，供試魚の数が空間bの飽和収容量を越えることで供試魚に網目通過行動を起こさせる工夫がさ

れている[3~6]．これを利用して目合や網目形状の違うテストパネルに対する通過率，通過行動の変化を調べることができる．表 9･3 は実験に使用した網地パネルの仕様を示している．目合や縮結を変えた合計25枚のテストパネルは，材

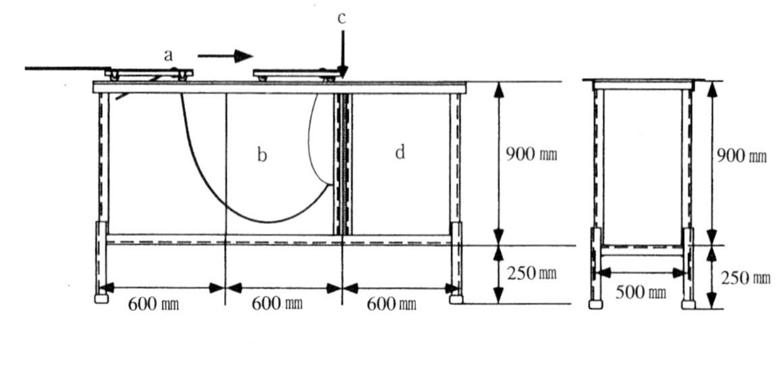

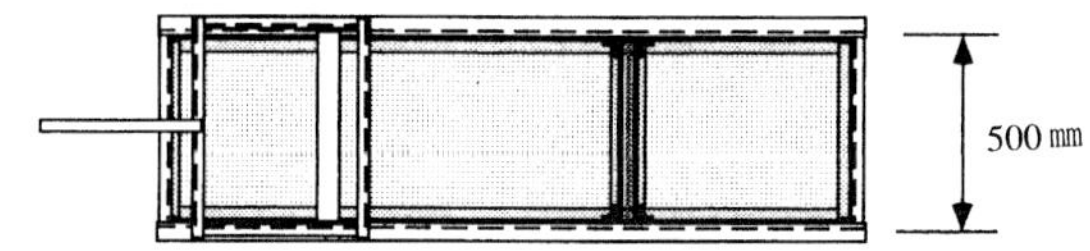

図 9･1　網目通過行動のための実験装置
a：台車　b：最初に供試魚を入れる空間　c：テストパネル
d：通過した供試魚が溜る空間.

表 9･3　実験に使用した網地パネルの仕様

節数	材　料	目　合 (mm)	直　径 (mm)	デニール No.	網地の縮結*1
12	テトロン	27.8	1.75	250	D，S
14	テトロン	23.4	1.44	250	D，S，0.07，0.13，0.7，0.89
16	テトロン	20.1	1.44	250	D，S，0.04，0.24，0.61
18	テトロン	17.8	1.09	250	D，S，0.05，0.17，0.69
20	テトロン	16.2	1.09	250	D，S，0.12，0.23，0.72
22	テトロン	14.8	1.09	250	D，S

*1：外割縮結.
D：外割 0.414 の菱目.
S：外割 0.414 の角目.

質を全て実際の定置網の箱網部と同様のテトロンの無結節網地で黒色のものである．供試魚の網目通過尾数については，VTR 再生画像から経過時間に対する網地パネル通過尾数として求めることができる．

目合に対する通過率（試供魚数50尾のうちパネルを通過した尾数の割合）の

関係は，底曳網と同様にロジスティック曲線で近似することができ，目合mと，目合に対する通過率 K_m の関係は，次式のように表わすことができる．

$$K_m = \frac{K}{1+\exp(-r(m-(m_0))} \qquad (9\cdot1)$$

Kは最大通過率で K_m の収束値，r は増加率，m_0 はKの半分の通過率となるようなmの値である．

各目合ごとの通過率をもとに最小二乗法を用いて，菱目，角目それぞれの通過率曲線を求めると図 9·2 のようになる．菱目と角目の場合を比較すると角目

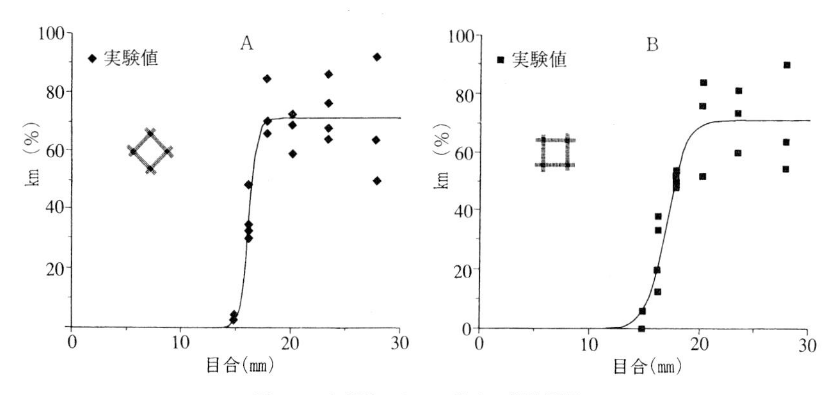

図 9·2 各網地パネルに対する網目通過
A：菱目網地 B：角目網地

の方が菱目より傾きが若干緩やかである．この理由は角目の方が目合が小さくなるにしたがって通過の際，体をひねるという不自然な行動が生じ，これが通過率に影響しているものと思われる．縮結の違いによる通過率の変化は，実際の範囲内ではどの目合においても縮結 0.41（菱目）を頂点として，それ以上か以下になると通過率が下がる傾向を示す．

実験室的な条件で，供試魚を最大通過率まで逃すには，菱目，角目のどちらでも目合 23.4 mm（14節）以上であればよいことが図 9·2 から分かる．しかし菱目では縮結が入ると外力の変化に対して，網目が変形しやすく，これによって通過率が変化する．したがってサケ稚魚の混獲防止装置には，網目の形状が変化しにくい，角目網地を使う方がよいといえる．

また供試魚のパネル通過尾数が最大に達するまでの時間は，目合によって異

なり，目合が小さくなるほど長くなる．そして網目通過尾数の変化が指数関数的な増加傾向を示すことから，網目通過行動をインデシアル応答と考えると，経過時間 t に対する通過率 P(t) は次式のように表わすことができる[7,9]．

$$P(t)=K_m\left(1-\exp\left(-\frac{t}{D}\right)\right) \qquad (9\cdot2)$$

ここで，Dは時定数で，この値が大きいほど網目通過に時間を要する．

また目合が大きいほどDが小さくなり K_m は大きくなり，逆に目合が小さくなるほどDが大きくなり K_m が小さくなる傾向が認められる．

K_m の値は，サケ稚魚の混獲防止装置に用いる網地の通過率を表わすパラメーターなので，混獲防止装置の設計上重要である．例えば混獲防止装置の網地にどのくらいの目合を使い，どのような網糸の種類や直径を使うのかが決まれば，K_m が決定される．またDの値は，K_m に達するまでに要する時間を表わすパラメーターで，網起こしの途中でサケ稚魚が網目通過に必要な時間的余裕を考える場合の，いわゆる網待ち時間に関するパラメーターといえる．

またサケ稚魚の網目通過行動は空間の魚群密度が高まらないと，たとえ十分

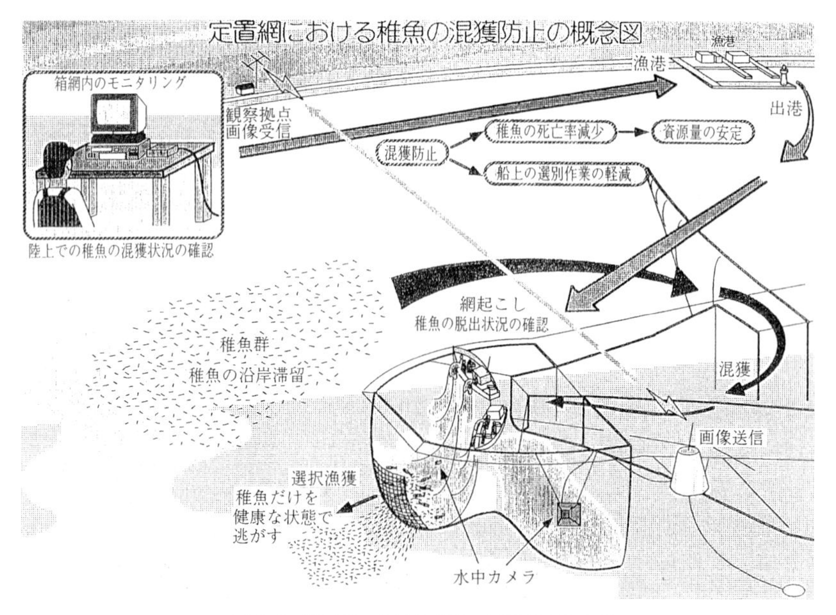

図 9·3　定置網における稚魚の混獲防止概念図

に大きな目合でも積極的に通過行動を起こそうとはしない．このことを考えると，実際の混獲防止装置の場合では，操業中のそれも網起しで空間が狭められる比較的短期間の間に唯一網目通過のチャンスがあるものと考えられる．現時点で構想している概念図を図 9·3 に示す．今後は，このような考え方に立って混獲防止装置開発を行うつもりである．

我々漁業研究者にとって今という時代をどのように解釈するかによって，研究テーマはそれぞれ異なるものになろう．文頭にも書いたように，現在は決して楽観的ではいられない時代にきている．輝かしい21世紀を望むのであれば，大きなハードルを乗り越えなければならない．漁業にとっても本物の技術が要求される時代である．これからの５年間で，我々の問題に確実な歩みを踏み出すことが，21世紀にむけての我々の決意でなくてはならない．

文　献

1) Tony Emerson : *Newsweek*, **123**, 30-35 (1994).
2) 佐野宏哉：水産工学, **31**, 71-78 (1994).
3) 井上　実・有元貴文：日仏海洋学会誌, **15**, 63-71 (1977).
4) 神田献二：日水誌, **18**, 365-376 (1953).
5) 草下孝也：日水誌, **22**, 662-667 (1957).
6) 鈴木　誠：東水大研報, **57**, 95-172(1971).
7) 三浦汀介：日水誌, **44**, 835-841 (1978).
8) 三浦汀介・清水　晋：日水誌, **49**, 1355-1360 (1983).
9) 水上憲夫：自動制御，第10版，朝倉書店, pp. 104-106 (1971).

10. アジ・サバ・イワシ定置網漁業

石戸谷博範*・石崎博美*

定置網は長期間，漁場に敷設した状態で，魚群が自然に網に入るのを待つ漁業であり，また来遊する多種類の魚類を漁獲対象とするため，その選択作用は他の網漁具と比較してそれほど強く明瞭ではない[1]．したがって漁場や漁期によっては，天然の幼稚魚や人工放流種苗を漁獲してしまうことがある．それらの小型魚は低価格で販売されるかまたは投棄されるなど有効に利用されていない場合がある．一方，定置網では，網締めの段階でも，網内で魚の活力を保つことができるので，網を引揚げる時に注意すれば，魚を傷つけずに選択できる可能性が高い．

本章では定置網における混獲を資源培養管理振興の視点から保護が必要な有用魚種の幼稚魚の漁獲と定義して話を進める．幼稚魚の漁獲を回避するという観点から定置網を見直すことは，この漁具漁法が広く世界に認められ，その将来を発展的なものにする上で重要なことである．ここでは相模湾で操業されている定置網漁業の現状を例にとり，幼稚魚混獲の実態や混獲問題を解決するための対策と課題について述べる．

§1. 相模湾の定置網

1·1 主要漁獲魚種

相模湾の定置網では200種類を超えるさまざまな漁獲物がみられるが，その内の上位95種類を表10·1に示す[2]．このうち，シロギス，コチ，カナドなどいくつかの定着性種を除いては，大半がマアジ，マイワシ，ブリなどの回遊性の種で占められている．これらの魚種は定置網漁業にとり，依存度の高低はあるものの，漁獲対象種である．

1·2 網型別の各部目合の変遷

神奈川県における定置網各部の目合の変遷を表10·2に示す．定置網の網型は

* 神奈川県水産総合研究所相模湾試験場

表 10.1 相模湾の定置網の主要漁獲魚種（木幡，1990）

Code Number (No.)	of Species 和名又は俗名	Scientific Name 学 名
(01)	サ メ	Ord. Lamniformes
(02)	エ イ	Ord. Rajiformes
(03)	コノシロ	*Clupandon punctatus*
(04)	ウルメイワシ	*Etrumeus teres*
(05)	キビナゴ	*Spratelloides gracilis*
(06)	マイワシ	*Sardinops melanostictus*
(07)	カタクチイワシ	*Engraulis japonica*
(08)	アナゴ	Fam. Congridae
(09)	ハ モ	*Maraenesox cinereus*
(10)	サンマ	*Cololabis saira*
(11)	サヨリ	*Hemiramphus sajori*
(12)	トビウオ	*Cypselurus* spp.
(13)	ヤガラ	*Fistularia* spp.
(14)	ボ ラ	*Mugil cephalus*
(15)	アカカマス	*Sphyraena pinguis*
(16)	ヤマトカマス	*S. japonica*
(17)	ハシキンメ	*Gephyroberyx japonicus*
(18)	マトウダイ	*Zeus japonicus*
(19)	イシダイ	*Oplegnathus fasciatus*
(20)	イシガキダイ	*O. punctatus*
(21)	キントキ	*Priacanthus* spp.
(22)	ム ツ	*Scombrops* spp.
(23)	アカムツ	*Doederleinia berycoides*
(24)	マツダイ	*Lobotes surinamensis*
(25)	スズキ	*Lateolabrax* spp.
(26)	ハ タ	*Epinephelus* spp.
(27)	ニ ベ	*Nibea mitsukurii*
(28)	メジナ	*Girella* spp.
(29)	タ イ	*Pagrus major* & *Evynnis jajonica*
(30)	クロダイ	*Acanthopagrus schlegeli*
(31)	ヘダイ	*Sparus sarba*
(32)	メイチダイ	*Gymnocranius griseus*
(33)	イサキ	*Parapristipoma trilineatum*
(34)	シマイサキ	*Therapon* spp.
(35)	コショウダイ	*Plectorhynchus cinctus*
(36)	タカノハダイ	*Goniistius zonatus*
(37)	シロギス	*Sillago japonica*
(38)	タカベ	*Labracoglossa argentiventris*
(39)	イボダイ	*Psenopsis anomala*
(40)	アカアジ	*Decapterus kurroides*
(41)	マルアジ	*D. maruadsi*
(42)	オアカムロ	*D. russellii*
(43)	ムロアジ	*D. muroadsi*
(44)	モ ロ	*D. lajang*
(45)	クサヤモロ	*D. marosoma*
(46)	マアジ	*Trachurus japonicus*
(47)	メアジ	*Selar crumenophthalmus*
(48)	カクアジ	*Caranx equula* & *C. sexfasciatus*
(49)	シマアジ	*C. delicatissimus*
(50)	オキアジ	*C. helvolus*
(51)	イトヒキアジ	*Alectis ciliaris*
(52)	ブ リ	*Seriola quinqueradiata*
(53)	ヒラマサ	*S. aureovittata*
(54)	カンパチ	*S. dumerili*
(55)	ツムブリ	*Elagatis bipinnulata*
(56)	オキヒイラギ	*Leiognathus rivulatus*
(57)	シイラ	*Coryphaena hippurus*
(58)	クロマグロ	*Thunnus thynnus*
(59)	キワダ	*T. albacares*
(60)	ハガツオ	*Sarda orientalis*
(61)	ス マ	*Euthynnus affinis*
(62)	カツオ	*Euthynnus pelamis*
(63)	ソウダガツオ	*Auxis* spp.
(64)	サ バ	*Scomber* spp.
(65)	サワラ	*Scomberomorus niphonius*
(66)	カマスザワラ	*Acanthocybium solandri*
(67)	スミヤキ	Fam. Gempylidae
(68)	タチウオ	*Trichiurus lepturus*
(69)	カジキ	Fam. Istiophoridae & Fam. Xiphiidae
(70)	シマガツオ	*Brama japonica*
(71)	コ チ	*Platycephalus indicus*
(72)	ウミタナゴ	*Ditrema temmincki*
(73)	カゴカキダイ	*Microcanthus strigatus*
(74)	ニザダイ	*Prionurus microlepidotus*
(75)	カワハギ	*Stephanolepis cirrhifer*
(76)	ウマヅラハギ	*Nevodon modestus*
(77)	ウスバハギ	*Aluterus monoceros*
(78)	フ グ	*Lagocephalus lunaris spadiceus* & *Liosaccus pachygaster*
(79)	メバル	*Sebastes* spp.
(80)	カサゴ	*Sebastiscus* spp.
(81)	ホウボウ	*Chelidonichthys spinosus*
(82)	カナド	*Lepidotrigla guentheri*
(83)	ヒラメ	*Palalichthys olivaceus*
(84)	メイタカレイ	*Pleuronichthys cornutus*
(85)	アンコウ	*Lephiomus setigerus*
(86)	コウイカ	*Sepia esculenta*
(87)	メトイカ	*Loligo* spp.
(88)	ヤリイカ	*L. bleekeri*
(89)	アオリイカ	*Sepioteuthis lessoniana*
(90)	アカイカ	*Thysanoteuthis rhombus* & *Loligo* spp.
(91)	スルメイカ	*Todarodes pacificus*
(92)	バカイカ	*Ommastrephes bartrami*
(93)	スジイカ	*Eucleoteuthis luminosa*
(94)	クマエビ	*Penaeus semisulcatus*
(95)	クルマエビ	*P. japonicus*

註 魚類は日本産魚名大事典，いか類は新世界有用イカ類図鑑，えび類は新日本動物図鑑(中)による.

表 10・2　神奈川県における定置網各部の目合の変遷

昭和初期以前の網型

年	1804年	1834年	1909年	1912年	1935年
網　型	3艘張網	天保大網	大敷網	大謀網	落　網
垣　網	1500 mm	1500 mm	1500 mm 900 mm	900 mm	900 mm
運動場	—	1500 mm	900 mm	750 mm	750 mm
登　網	—	—	—	—	150 mm
漏斗網	—	—	—	—	120 mm ～90 mm
箱　網	1500 mm 600 mm 300 mm	1500 mm 600 mm 300 mm	150 mm ～90 mm	180 mm 150 mm 120 mm 90 mm	90 mm ～60 mm
魚捕部			20 mm	30 mm	30 mm

落網類

年	1964年		1974年		1984年	1993年
網　型 網季節	落　網 夏　網	落　網 鰤　網	落　網 夏　網	落　網 鰤　網	2段落網 周年網	2段落網 周年網
垣　網	900 mm	900 mm	900 mm	900 mm	900 mm	900 mm
運動場	900 mm	900 mm	900 mm	900 mm	900 mm	900 mm
登　網	900 mm	900 mm	150 mm	150 mm	150 mm	150 mm
漏斗網	150 mm	180 mm	90 mm	90 mm	90 mm	45 mm
第一箱網	60 ～30 mm	140 ～60 mm	60 ～24 mm	90 ～45 mm	90 mm	90 ～60 mm
第二箱網	—	—	—	—	60 ～24 mm	30 ～24 mm
魚捕部	24 mm	30 mm	21 mm	30 mm	21 mm	21 mm

猪口網

年	1964年	1976年	1994年
垣　網	900mm	600mm	600mm
囲　網	900～ 750mm	600mm	450mm
登　網	600～ 450mm	360mm	450mm
漏斗網	18mm	16mm	16mm
小登網	18mm	16mm	16mm
胴　網	18mm ～17mm	18mm ～17mm	18mm ～17mm

底層網

年	1982年	1994年
垣　網	300mm	240mm
運動場	240mm	240mm
廊下網	180mm ～90mm	180mm ～90mm
返し網	90mm	90mm
漏斗網	19mm	19mm
袋(側)網	23mm ～20mm	23mm ～20mm
(立)	18mm	18mm

中層網

年	1968年	1976年	1994年
垣　網	240mm	600mm	450mm
運動場	180mm ～90mm	120mm	120mm
廊下網	90mm	90mm	45mm
中溜網	45mm	45mm	45mm
漏斗網	45mm	30mm	30mm
袋　網	30mm ～23mm	30mm ～23mm	30mm ～23mm

江戸時代の3艘張網，天保大網，明治後期の大敷網，大謀網，昭和初期の落網と変化してきた．その間，垣網，運動場，箱網の各部の目合は小さくなっている．魚捕部は，大敷網の頃から，目合20mmであり，かなり細目であることが判る．

次に現在の網を網型別にみてみよう．落網はかって，夏網（アジ・サバ・イワシなど対象）と鰤網（ブリ対象）の2漁期制をとっていたが，ブリの漁獲減に伴い，1984年から夏網の網型で周年操業するようになった．一方，夏網の箱網については，徐々に細目化が進んできた．猪口網ではイワシ類の漁獲に依存

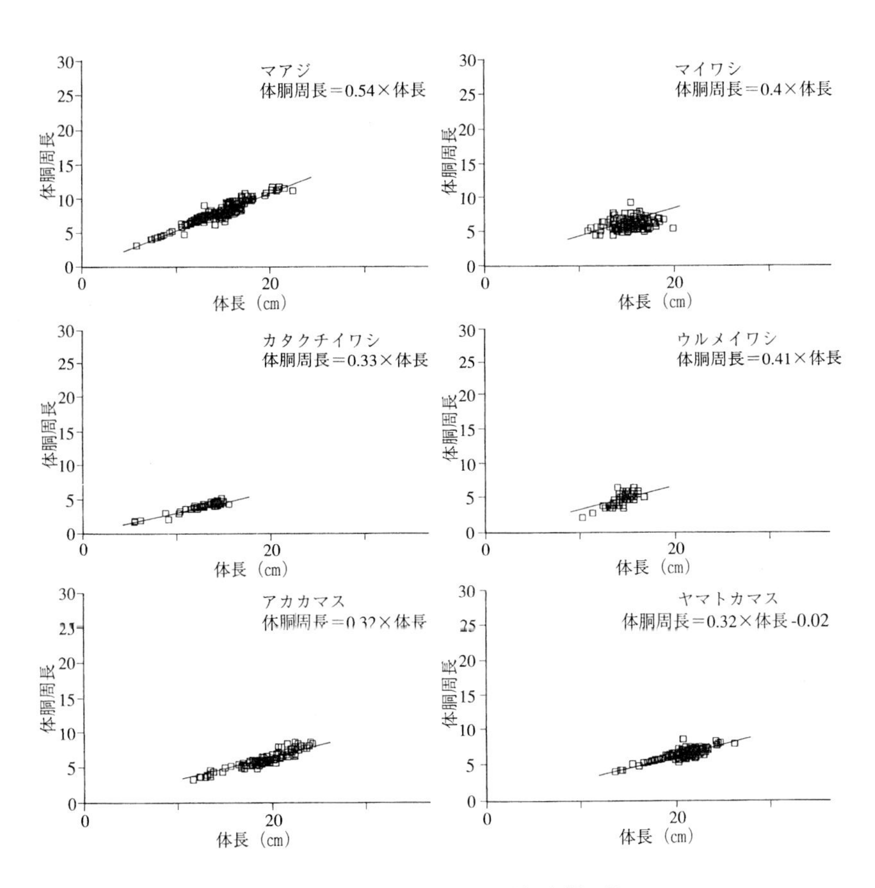

図 10·1 魚体の細い魚種の体長と体胴周長

する率が高く，最も細目（19節）の網を用いている．目合の変遷は，垣網〜小登網で若干小さくなったが，胴網部では変化はない．また底層網や中層網は比較的新しい網型であり，各部の目合に顕著な変化はない．

1·3　西湘・湘南・三浦地区における漁獲魚種の構成

相模湾の定置網は，その設置海域により西湘地区，湘南地区，三浦地区に区分される．四季別に各地区の魚種組成を，目合の選定基準となる漁獲物の体形の観点から検討する．魚体の体形は体胴周長[3]で表わす（図10·1）．魚体が出荷に適したサイズの大きさで，その体胴周長が比較的小さい（ここでは網目への刺し現象も考慮して，体胴周長が 10 cm 前後より小さいものとした）漁獲対象魚種として，マアジ，マイワシ，カタクチイワシ，ウルメイワシ，アカカマス，ヤマトカマスがあげられる．四季別，地区別にこれら魚体の細い魚種の割合をみると（図 10·2），いずれの地域も，4〜6月に魚体の細い魚種の割合が年間の最大値（三浦97.6%，湘南87.6%，西湘68.1%）を示す．地域別では，1〜9月までは三浦を最高に湘南・西湘の順で高く，10〜12月は全体に細い魚種の割合が減少し，地域の順位は西湘・湘南・三浦の順となる．魚体の細い魚種の漁獲は，三浦地区の4〜6月の97.6%をピークに，西湘地区の1〜3月の33.2%を最小値として，いずれの期間も高い割合を示している．このことは，魚捕部などの目合としてはマアジやイワシ類などの魚体の細い魚種が漁獲できる細目網が必要であることを示している．

§2.　混獲の実態

2·1　相模湾西部の大型定置網の漁獲物における販売魚量と非販売魚量の実態

相模湾西部地区の大型定置網の販売魚量と非販売魚量の実態とその主な内訳を表 10·3 に示す．販売魚とは，選別を経て市場に出荷され販売される魚であり，非販売魚とは，選別により除かれ販売されずに餌料用となるか，もしくは投棄される魚である．非販売魚量は，多い日で 120 kg（当日漁獲量の39%）であり，平均値では日別漁獲量の1.4%である．季節的には夏季から秋季に多く，冬季には少ない．非販売魚の内訳を季節的にみると，夏（7，8，9月）は，キントキダイ，カタクチイワシ，メアジ，ムツ，カマス類，イシダイ，ケンサ

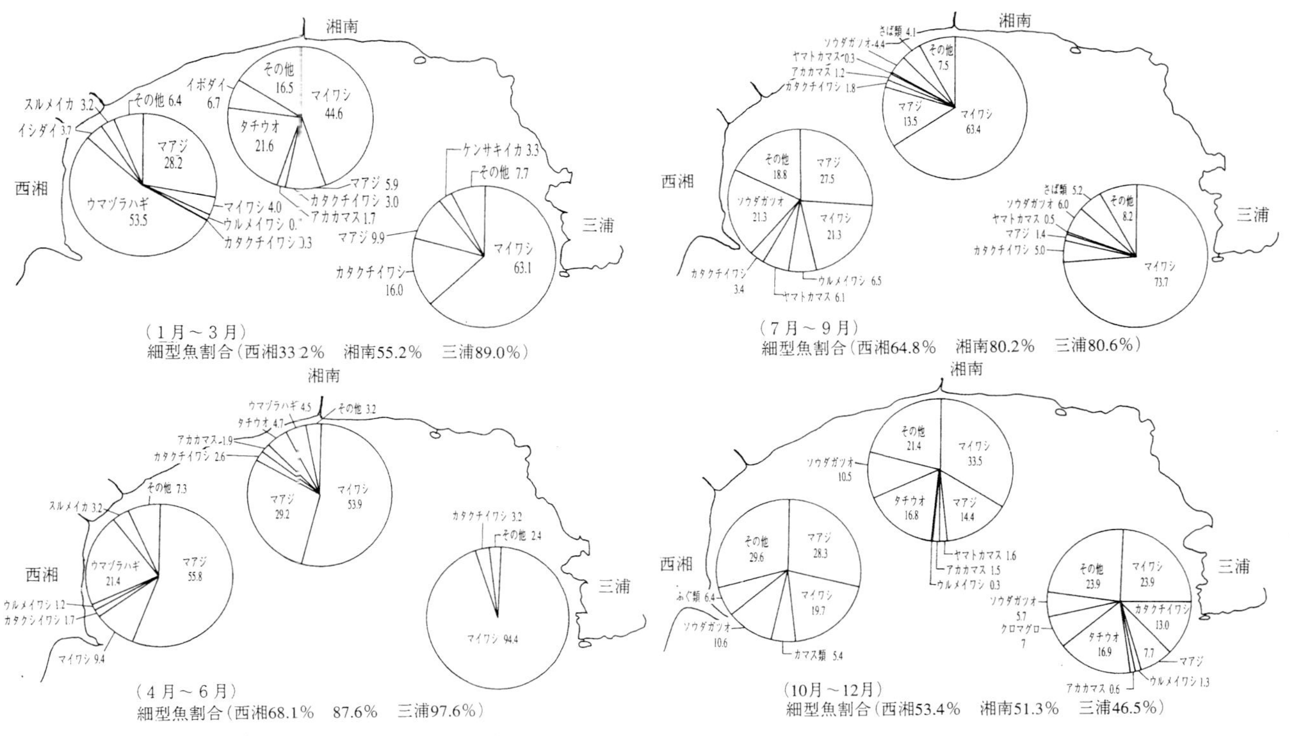

図 10·2　相模湾における四季別地区別漁獲物組成（1989年～1993年の平均値）

キイカ，フウライカマス，ウルメイワシなど，秋（10，11，12月）はイサキ，クロシビカマスなど，冬（1，2，3月）は，マルアジ，クロシビカマス，ハダカイワシ，カタクチイワシなど，春（4，5，6月）にはカタクチイワシ，

表 10·3　相模湾西部地区大型定置網の漁獲物における販売量と非販売量

調査日	販売量A (kg)	非販売量B (kg)	B/(A+B) (%)	非販売魚の主な内容
94. 7.22	471	60	11.3	キントキダイ，カタクチイワシ，メアジ，マイワシ，ウルメイワシ
8.11	525	15	2.8	フウライガマス，オアカ，スジイカ，ハダカイワシ，オキヒイラギ
8.26	112	30	21.1	イトヒキアジ，フウライガマス，ウルメイワシ，カタクチイワシ，メアジ
9. 9	55	3	5.2	ウマヅラハギ，マアジ，イシダイ，ムロアジ，ボウズコンニャク
9.22	2,057	30	1.4	イサキ，キントキダイ，オヤビッチャ，ボウズコンニャク，メダイ
10. 7	732	45	5.8	キントキダイ，クロシビカマス，ヒメジ
10.21	617	6	1.0	クロシビカマス，メアジ
11. 2	3,450	12	0.3	オニアジ，タカベ，ギンガメアジ，キントキダイ
11.25	500	0	0	
12.15	461	0	0	
95. 1.13	240	5	2.0	ハダカイワシ，マルアジ，クロシビカマス，スジイカ，ヒメジ
2. 3	62	0	0	
2.17	92	0	0	
3. 3	4,872	0	0	
3.17	2,976	10	0.3	カタクチイワシ，マイワシ，ウルメイワシ
3.31	3,936	23	0.6	カタクチイワシ，マサバ，ホウボウ，カナガシラ，ヒメジ
4.12	2,656	30	1.1	ハダカイワシ，カタクチイワシ，ホウボウ
4.28	2,497	15	0.6	ハダカイワシ，カタクチイワシ，ウルメイワシ，クロシビカマス，ヒメジ
5.12	6,144	30	0.5	カタクチイワシ，ムツ，ハシキンメ，ヒメジ，ショウサイフグ，カガミダイ
5.26	1,019	15	1.5	カタクチイワシ，ハダカイワシ，ハシキンメ，ヒメジ，ウルメイワシ
6. 7	1,712	60	3.4	ムツ，ヒメジ，ウルメイワシ，カタクチイワシ
6.23	185	120	39.3	ハダカイワシ，マイワシ，ムロアジ，ハシキンメ

ハダカイワシ，マイワシ，ウルメイワシ，マサバ，ホウボウ，ヒメジ，ムツなどがみられる．

このうち，キントキダイ，カタクチイワシ，ウマヅラハギ，マイワシ，ウルメイワシなどは，利用方法の改善で有効利用を図るべきものである．また夏か

ら秋にかけて入網する小型イサキ，小型イシダイ，小型カマス類は出荷適正サイズまで大きくして漁獲すれば魚価も向上し，漁業経営上も有利であると判断され，混獲回避の取り組みが望まれる魚種である．

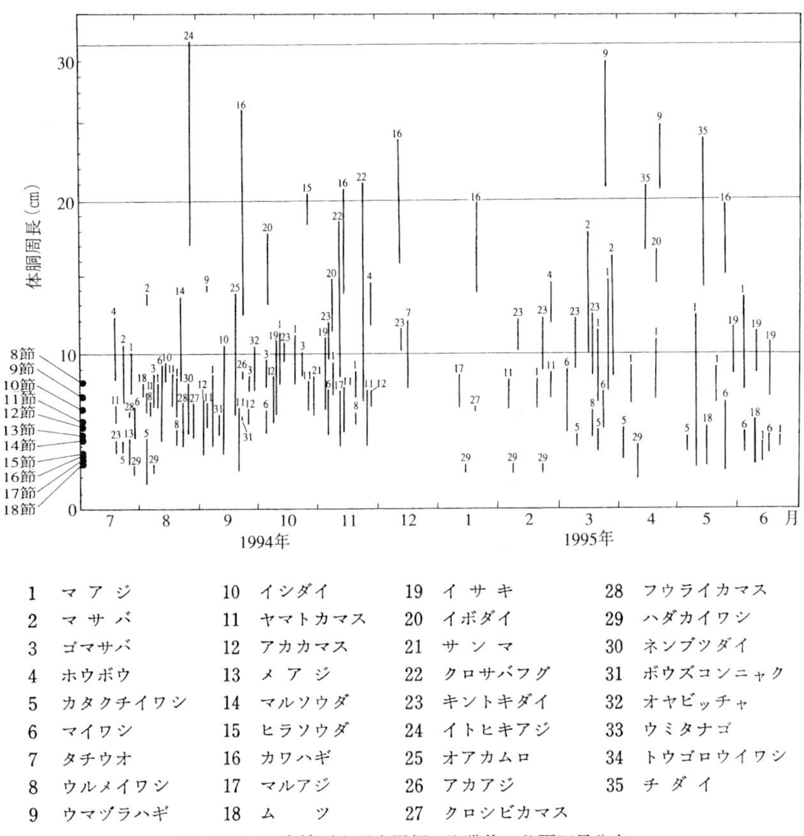

図 10·3 西湘地区大型定置網の漁獲物の体胴周長分布

2·2 大型定置網の漁獲物の体胴周長分布

相模湾西部における大型定置網の漁獲物の体胴周長分布を図10·3に示す．図の左下方に網目内周値を併記している．標本漁場の箱網の目合は漏斗網側が11節，魚捕部側が14節，魚捕部は16節である．魚捕部の網目内周値（16節＝3.23 cm）より小さい体胴周長値を示す魚種（ハダカイワシ，メアジ，ヤマトカマス，カタクチイワシ）の漁獲が僅かではあるがみられている．これらは本来，網目から脱出できるサイズであったものが，魚捕部で他漁獲物が網目を塞ぐことにより脱出不可能となったと考えられる．この図から，体胴周長 10 cm 以下のサイズ帯に主要魚種のほとんどが含まれていること及び7月〜11月に体胴周長の小さい魚種，すなわち保護したい幼稚魚と漁獲対象となる比較的体胴周長の小さい魚種の漁獲が同時に集中していることが判る．したがって目合による選択を実施する場合には，逃がしたい魚と漁獲したい魚をいかに分離するかが，揚網時の配慮にかかってくる．

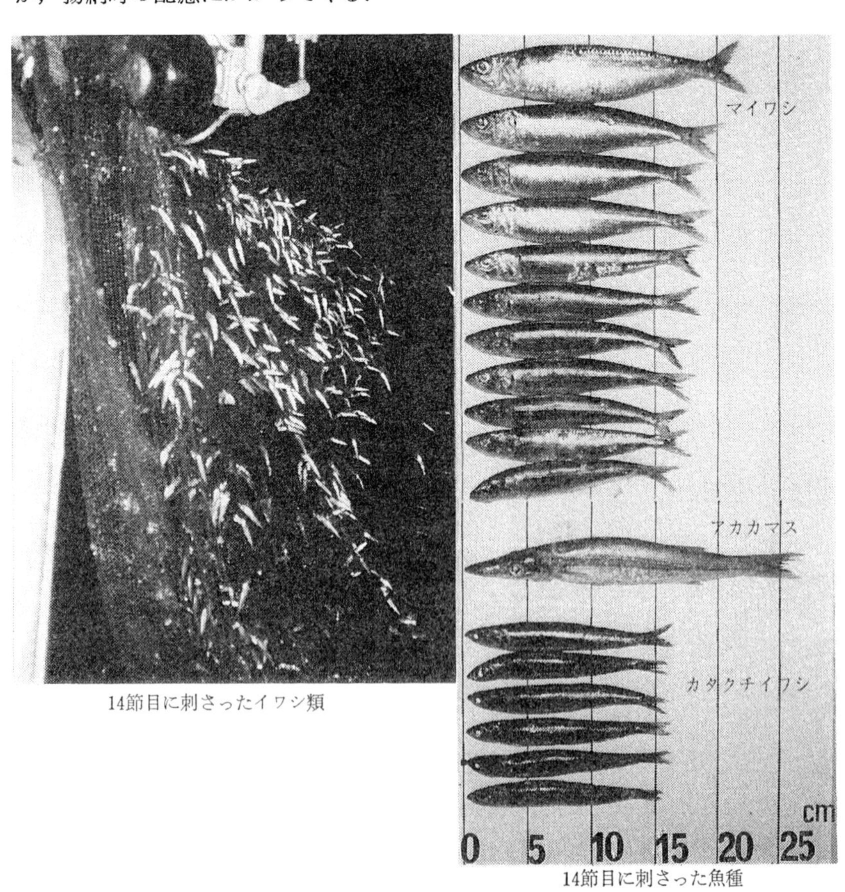

14節目に刺さったイワシ類

14節目に刺さった魚種

図 10·4　箱網におけるイワシ類等の刺され

2·3 目合と刺され

定置網の箱網や登網の網地には，網目への魚の刺されという現象がある（図10·4）．これは，(1)網地重量の増大，(2)網目に刺さった魚の除去作業による労働負荷の増大，(3)揚網機への魚体の巻き込みによる滑りの発生，(4)脱落した魚体の箱網内での腐敗（これらの影響は，1～2週間程度残る）などにより定置網漁業の大きな問題となっている．これらを防止する目的からも，イワシ類を主漁獲物とする猪口網漁場では，魚捕部に刺されが少ない細目（19節など）の網地を使用している．定置網の揚網時に，14節の網目に刺さった魚（マイワシ，アカカマス，カタクチイワシ）を採集し，その体胴周長などの測定を行った．14節のエステルK24本（糸径＝1.1 mm）の網目内周値は4.33 cmであり，その値を基準に刺さったマイワシの体胴周長値との関係（体胴周長値／網目内周値）を求めた．その結果，網目への刺されは，14節の網目内周値の1.4倍～1.6倍までの体胴周長をもつ魚体に多いことが判った．このことから，網目を拡大した場合，小型魚の脱出と同時に新たに高価な大型魚の刺されの発生が予想される．

§3. 混獲を回避するための対策と課題

3·1 実践されている方法

現在混獲を回避するために取り組まれている実践例は次の通りである．

(1) 漁船の甲板上で漁獲物を選別する時に，比較的弱りにくいイシダイやマダイ，ヒラメなどの幼稚魚は放流する：この方法は多くの漁場で自主的に行われている．

(2) 魚捕部で幼稚魚などをたも網で掬い取り放流する：戸嶋ら[4]は，揚網により浮上した小型マダイの掬い取り，放流後の生残率を調べるため，たも網で掬って船上から海面上に落とす，それもやや強目に投げて軽いショックを与える方法での放流試験を行った．その結果，漁獲物の状態や網の絞り具合などの条件にもよるが，浮上した魚でも活力のある状態で放流すれば約90%の安定した高い生残率が期待できるとしている．幼稚魚の中にはイシダイのように，小型でありながら，体胴周長の大きい魚種が存在する．これらについては網目を通して逃がすことは難しく，上記(1)(2)の方法での対応が有効であろう．

(3) 魚捕部の網目を通して逃がす：戸嶋ら[5]は，揚網時における網内の魚群行動をビデオで撮影した．その結果，揚網開始から魚捕部までは，網目から抜け出るものは観察されなかったが，魚捕部から漁獲物を取り上げようとしている段階で小型魚が魚捕部の目合から勢いよく大量に抜け落ちていく様子が映し出されたとしている．これは魚捕部網目からの小型魚の脱出を確認した貴重な調査結果である．

3·2 アジ・サバ・イワシ定置網漁業の混獲を解決するための対策と課題

アジ・サバ・イワシ定置網漁業の混獲を解決するための対策と課題を整理し図10·5に示す．目合の拡大と袋網の取りつけ，通し網による選別については有用魚の目刺れの防止や魚種による袋網取りつけ位置の選定，効率的な選別方法の研究が求められ，また海上での幼稚魚選別では幼稚魚を傷つけない選別機器の開発が必要となろう．魚に接触しないで逃がす方法として，(1)浮子方を沈下させる，(2)箱網の一部を開網する，(3)目的とする幼稚魚を誘引する方法が考えられるが，それぞれ忙しい揚網作業の中で手軽に行える方式の開発や誘引方法の研究開発が必要であろう．またこれらに共通する課題としては，混獲回避策を実施する最適漁期の選定，最適目合の決定，箱網内での魚種・魚群量判定技術の開発と魚へのストレスが少なくてすむ箱網容積の決定などが必要であろう．

従来の定置網における漁獲選択性に関する研究は，主に漁獲性能を高める目的の中で論じられてきた[6]．しかしいかにして，漁獲すべきでない魚を逃がすかという研究は非常に少なく，定置網の混獲対策に関する調査・研究は，まさに緒についたばかりである．

水産庁では1994年から定置網漁業における混獲幼稚魚の適正管理に関する研究を，京都府，石川県，富山県，神奈川県の各府県を参加機関として取り組んでいる．その中では，(1)操業実態の把握，(2)幼稚魚の出現時期と大きさ，(3)有用魚種の網目選択性の把握，(4)省力化の効果の検討，(5)資源管理型を目指した定置網漁業の在り方の検討が進められている．

定置網の漁獲物は，主要魚種でも90種を数える．定置網の混獲問題を解決するには，それぞれの魚種を食糧資源として無駄にせず十分に有効利用することがまず第一である．それを実施しながら，漁獲すべきでない幼稚魚は捕らない

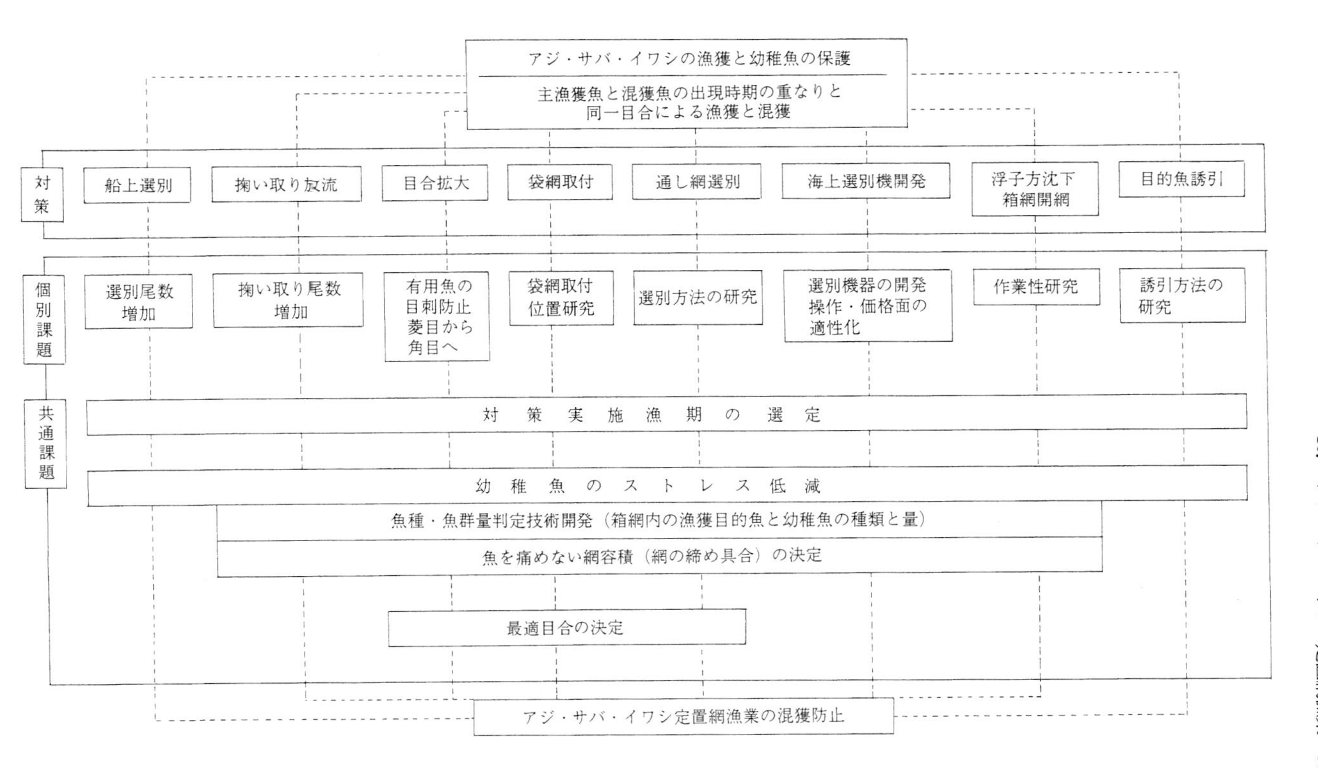

図 10·5 アジ・サバ・イワシ定置網漁業の混獲を解決するための対策と課題

工夫を並行して進めれば，定置網は食糧生産技術の一つとして，世界に誇るべき漁具漁法となろう．その日が１日も早くくるように，地道な調査，研究や取り組みを継続し，解決策を導いていくことが大切である．

文　献

1) 平山信夫：漁具の漁獲選択性（日本水産学会編），恒星社厚生閣，1979，112-123.

2) 木幡　孜：神奈川県水試論文集，**4**，1-56 (1990).

3) 東海　正・大本茂之・松田　皎：平成３－５年度科学研究費成果報告書，底曳網の分離漁獲に関する研究，33-44，1994.

4) 戸嶋　孝・藤田眞吾・内野　憲・山崎　淳：水産の研究，**13**(4)，79-83，1994.

5) 戸嶋　孝・内野　憲・藤田眞吾・山崎　淳：同誌，**13**(5)，71-75，1994.

6) 森敬四郎：漁具の漁獲選択性（日本水産学会編），恒星社厚生閣，1979，46-64.

11. 混獲問題と漁獲選択性

東 海 正*

筆者は本書の基となる本シンポジウムが開催された時期に，文部省長期在外研究員としてスコットランドにあるアバディーン海洋研究所に滞在し，欧米の選択性研究に触れる機会をもつことができた．

また本シンポジウムの総合討論でも，国連食糧農業機構 (FAO) の Prado 氏より紹介されたように，1992年の国連環境会議以後，水産資源の持続的な有効利用をはかるために，世界の漁業は「責任ある漁業 (Responsible Fishing)」の体制づくりが求められている．混獲問題は，欧米でも次の2つの立場で研究がなされている．一つは混獲から希少動物，特に哺乳類を保護することや地球環境に対する影響を減らすことを目的として漁業の縮小や中止を求める立場，もう一つは，漁業を管理して，混獲を防ぎ，資源を持続的に利用して，さらに漁業を発展させようとする立場である．ここでは，後者の立場に立つ国際海洋開発協議会 (略称 ICES) の漁獲技術，魚群行動合同専門家会議 (略称 FTFB) の現状を中心として，混獲の対策の一つである漁獲の選択性についての欧米の研究体制を紹介する．そしてそのうえで，今後の日本での選択性研究体制の在り方について述べる．

§1. 国際海洋開発協議会 漁獲技術，魚群行動合同専門家会議 (ICES, FTFB meeting)

本シンポジウム開催と同年の1995年4月末に ICES の FTFB 会議が開催され，ヨーロッパ各国を始め，カナダ，アメリカからも参加があった．中心議題の一つは，曳網漁具の選択性調査に関するマニュアルの検討であった．このほかに，バルト海におけるコッドエンドの選択性や，アカザエビ *Nephrops* の網目選択性，従来は考慮されていなかった漁獲行為後の生残性について，それぞれ小作業グループによる検討が本会議と並行してなされ，ここで作成された

* 東京水産大学

多くの勧告案が本会議でさらに検討された.

1·1 曳網漁具選択性調査マニュアル

この曳網漁具の選択性調査に関するマニュアルは，選択性調査計画の立案から，調査方法や項目の選定，調査用漁具の設計指針，結果の解析方法および調査報告書に記述するべき内容まで順に記されている．つまり選択性の調査研究には，どのような手法を用いるべきか，また選択性に対してどのような影響要因があり，それらをどのような項目に着目してデータをとり，まとめるべきかが詳細に記されている.

このマニュアルの特徴の一つは，十分な情報が報告書に記されることにより，将来にそれぞれの調査結果を容易に比較検討できるように配慮されていることである．長年にわたって多くの選択性に関する調査を行い，情報を蓄積してきた欧米研究者が，選択性の情報を統合することによって，漁具の選択性をより深く知ろうとしていることが分かる．実際に，今後の方針として，ICES 各国における選択性調査に関するデータベースを構築する作業が進められている．またこのマニュアルが必要となったもう一つの目的は次のような点にある．漁具の選択性の研究には，対象となる生物についての知識のみならず，多くの漁具漁法の知識を必要としている．しかし，欧米では，漁業を専攻にもつ大学は少なく，ほとんどの研究者が海洋生物学など他の分野を専攻してきたために，これらの研究者には調査のために必要な基本的な漁具漁法などの知識が不足している場合がある．さらに最近では調査によって得られたデータ解析に多くの統計的な手法が導入され，欧米では調査結果の解析に統計学者が参加することは必須のようになっている．このように選択性の研究に広範な知識が要求される中で，漁業管理のために選択性の調査を行う研究者のために，ICES における多くの研究を基にとりまとめられたのが，このマニュアルである.

こうした選択性調査マニュアルの作成は，ICES による曳網漁具に関するものだけに限らず，他の漁具を含めたカナダによる自国内向けのものや，FAO を中心に進められているものもある．これらは，いずれも「責任ある漁業」に向けての一つの行動である．特に，FAO の Fishing Technology Service, Fishery Industries Division では，漁業者自らが，データを入力して漁具の選択性を求めることにより，自主的な管理に取り組めるように，パソコン上で動く簡単な選択性解析ソフトが開発されていた．これは漁業者自身に対して「責任ある漁業」を強く求めたものであろう．

1·2 選択性に関する共同研究

ICES の会議でもう一つ目を引いたことは，漁業管理のために選択性パラメータを各国が協力して求めようする姿勢と，その解析を実行する研究者の小作業グループの存在であった．既に，小型のコッドの保護のために，角目パネルの使用が義務づけられた北海のトロールでは，各国で異なる構造の角目パネルが開発され，使用されている．このうちいずれの構造の網が最も選択性に優れ，コッド資源の保護に適しているのかが検討された．またアカザエビの選択性については，EU 統合を睨んで，現在，漁業管理のために各国が用いている異なった選択係数を統一しようとしている．このように，調査研究のみならず各国で異なる漁船での調査結果をも統合して，資源の保護に適したものを協力して求めている．このほかに，網目を抜けた魚などの漁獲行為後の生残性に着目した調査研究の推進を勧告する作業が進められた．これは選択漁獲で脱出した魚が生残しなければならないことを重視していることを示す．このことは逆に，魚種によっては生残性を損なわずに混獲する漁具漁法に対する考え方や，漁獲後の再放流の評価にもつながる点で興味深い事柄である．こうした多くの選択性の調査研究の結果から，選択性に関わる多くの要因が認識され，それぞれがどのように影響するのかに着目して，次の研究へと結びつけている．既に，選択性への影響要因として報告されているものには，漁獲量や，コッドエンドの長さや周囲の網目数などがある．今後は来年に向けて選択性への影響要因として網地や網糸の特性とその計測方法に着目した研究が進められるほか，小作業グループによるグリッドセパレーターなどによる魚種分離漁獲が検討される．

FTFB 会議では，漁業研究者を中心とした共同研究以外にも，それ以外の分野，資源解析との意見交換も積極的になされ，次の研究課題へと結びついている．会議内で資源解析研究者によって，資源管理における選択性の応用について発表がなされ，資源管理には選択係数と選択レンジだけでなく選択性曲線の全体を評価する必要性が漁業研究者に投げかけられた．さらに資源解析研究者からの要望として，現在，海洋法にしたがって総許容漁獲量(TAC)を求める必要があり，底魚資源のTACの決定に用いられている採集漁具の効率の評価が急務であることが示された．このようにICESでは選択性の結果が資源管理に積極的に応用されて，かつ資源解析研究者からは漁業研究者に対して漁具効率の調査の要望が出されるなど，FTFBの次の課題にフィードバックされている．

§2. 選択性調査マニュアル（日本版）作成と選択性に関する共同研究の必要性

近年，日本では，種苗放流魚の保護の観点と資源管理の発想から，各県水産試験場などを中心として，様々な漁業種類で選択性の調査研究がなされている．最近では，これらを一歩進めて混獲を防止するための漁具漁法開発も各地で行われ始めている．これらの調査研究をより進展させるために，上述した欧米の選択性研究の取り組み方から学べる点がいくつかある．特に選択性調査マニュアルやデータベース化，さらに多くの共同研究によってICESが求めている選択性に対する共通認識と情報の共有化は，調査研究の進展のためには重要であろう．

2·1 選択性調査マニュアル（日本版）の必要性

欧米に限らず日本でも，選択性調査を担当する研究者が必ずしも漁具漁法を専門とするわけではなく，また漁具に対する魚群行動の知識をもち合わせているとは限らない．さらに，栽培事業や資源管理事業の一環として選択性調査を担当する水産試験場の研究者は，ほかにも多くの調査項目を抱えているために，選択性の調査について十分な情報を収集する時間をもてないと思われる．

こうした問題を解消する一つの方策として，選択性調査マニュアルは重要であろう．確かに，ICESやFAO，カナダなどが作成したマニュアルは，日本を始めとして東南アジア諸国の選択性に取り組む研究者にとって大いに参考になろう．しかし，日本の漁業の実態やそれをとりまく環境が欧米とは大きく異なることを考えれば，これらのマニュアルをそのまま日本にもち込んでもすぐに使えるわけではない．特に高緯度寒帯地方の比較的漁獲対象種が少ない海を対象としてきたICESの研究方法を，そのままでは温帯から亜熱帯までの多魚種を対象とする日本や東南アジア諸国の漁業には適用はできない．

これまで，日本が比較的多くの漁業管理のための選択性の調査研究を行ってきた実績を考えれば，日本が行ってきた選択性の調査研究に関するレビューとそれに基づいて日本独自の選択性調査マニュアルを作成することは決して無理なことではないと考えられる．また漁業実態が欧米よりも比較的日本に近い東南アジア諸国の選択性研究にとっても，この日本版選択性マニュアルは貢献が期待される．

2·2 選択性における共同研究の必要性

上述したようにICESでは選択性に関する多くの共同研究がなされていた．現在，日本では，様々な調査機関で選択性に関する調査研究が行われているが，しばしば同様の手法が用いられ，さらに同様の問題点をもって調査研究の進展が阻まれていることもあるように思われる．この一つの原因に，調査研究の横断的な連絡体制が十分確立されているわけではないことが考えられる．いくつかの選択性や混獲に関する調査研究の事業は，その予算措置に応じた報告会や会議が行われ，内部での検討は行われたりするが，事業の外部との情報交換は十分であるとは限らない．予算上困難なことではあるが，こうした同様の調査研究の進展には，実際の調査研究の遂行者をメンバーとした作業グループによる検討や調査の分担を含めた共同研究が有効であろう．

また選択性の調査研究には，多くの調査回数に基づく資料を必要とするが，その調査には多大な費用と労力が要求され，十分な調査が行えない場合もある．水産工学研究所が主催した選択漁獲に関する全国会議でも，一県の調査資料だけでは満足に解析できない場合があり，いくつかの調査資料を統合して解析することが必要だとする意見も出されていた．資源管理に用いるために妥当な結果を得るためには，各資料をもち寄って統合して解析することが必要であり，こうした際にも作業グループによる共同研究が必要となる．

2·3 資源解析，海洋生物研究者との共同研究の必要性

本シンポジウムの中で取り上げられ，今後取り組むべき課題のいくつかは，漁業以外の専門分野，特に資源解析や海洋生物を専門とする研究者との共同研究が必要であろう．

混獲に対して，選択漁獲が有効であるかという論議は，特に他の分野との共同研究を要する課題であろう．松岡氏は選択漁獲に対する批判の一例として，次の３点をあげている．(1)混獲による漁獲対象種の捕食者の駆除効果，(2)混獲

魚の海上投棄による基礎生産への栄養物質の補給効果，(3)海洋生態系に対する均一な影響の重要性．この問題に対して，あえて私見を述べれば，一般的に漁業は，本来的に選択的であるために，海洋生態系に均一な影響を与えることは，選択漁獲より困難であろう．また漁業の対象とする魚種の多くは，生態系の栄養段階の上位のものが多く，比較的大型で成熟に年数を要するなど再生産には時間を要するために，漁獲による乱獲状態になりやすい．したがってこのような場合には，海上投棄によって利益を得るものの多くは，豊富に生物量を有し漁業の影響を受けにくい，栄養段階の下位に属する生物が主となる．つまり高次の生物が漁獲によって排除された海では，混獲による投棄はより下位の栄養段階における生物量を増やす方向にこそ働くが，漁業価値の高い高次の魚種には結びつかないのではないだろうか．基礎生産に近い栄養段階の種を漁獲対象種としている場合には，(1)や(2)は成り立つであろう．しかし東南アジアを始めいくつかの海域で，トロールによる徹底的な漁獲によって本来の漁獲対象種である魚類がとれなくなって，頭足類やエビ類が漁獲の中心となったことを考えれば，このような状態は好ましいことではない．これらの事柄こそ，資源解析や海洋生物の研究者と漁業研究者が共同で研究して行くべきものであろう．そのためにも，どのように，またどの程度，漁業により漁獲されているのか，漁業の実態とその能力を漁業研究者が示す必要がある．

また確かに混獲問題を動物保護の立場から，心情的に混獲の許容量など混獲を容認する発言を控えるべきだとする意見もある．しかし今は漁獲対象資源のTACを決めて管理を進めようとしている．このことから考えれば，混獲を完全になくすことができない限り，資源を持続的に有効利用をはかる立場からは，科学的に混獲の影響を評価してTACを求めることは妥当な方策とも思われる．谷津氏によっても示されたように，こうした混獲の許容量の決定には資源解析研究者との共同研究が必要なことは明らかである．また原氏の発表にもあったように，ほとんどが漁獲対象の資源であっても，多魚種の混獲は資源と漁業の管理方法を複雑にする．こうした点でも，混獲を回避する漁獲方法の開発は，資源の合理的な利用の観点から必要になる．このように混獲を引き起こしているのは漁業ではあるが，その解決には漁業研究のみならず他の専門分野との多くの共同研究が必要なことはいうまでもない．

水産学シリーズ〔105〕　定価はカバーに表示

漁業の混獲問題
By-catch in Japanese Fisheries

平成7年10月10日発行
編　者　松　田　皎
監　修　社団法人　日本水産学会
〒108　東京都港区港南 4-5-7
東京水産大学内

発行所　〒160
東京都新宿区三栄町 8
Tel (3359) 7371(代)
Fax (3359) 7375
株式会社　恒星社厚生閣

 興英文化社印刷・協栄製本

水産学シリーズ〔105〕
漁業の混獲問題（オンデマンド版）

2016年10月20日発行

編　者　　松田 皎
監　修　　公益社団法人日本水産学会
〒108-8477　東京都港区港南4-5-7
東京海洋大学内

発行所　　株式会社 恒星社厚生閣
〒160-0008　東京都新宿区三栄町8
TEL　03(3359)7371(代)　FAX　03(3359)7375

印刷・製本　株式会社 デジタルパブリッシングサービス
URL　http://www.d-pub.co.jp/

ISBN978-4-7699-1499-0　Printed in Japan